U0917322

NuCalm

压力管理系统

NIAS 营养学国际研修项目组 ◎ 编著

长江出版传媒 湖北科学技术出版社

图书在版编目（CIP）数据

NuCalm 压力管理系统 / NIAS 营养学国际研修项目组编著 . -- 武汉 ：湖北科学技术出版社， 2020.12
ISBN 978-7-5706-1208-6

Ⅰ . ① N… Ⅱ . ① N… Ⅲ . ①心理压力—心理调节 Ⅳ . ① B842.6

中国版本图书馆 CIP 数据核字 (2021) 第 022133 号

责任编辑: 王小芳　　封面设计: 佟　玉

出版发行: 湖北科学技术出版社有限公司　　电话: 027-87679468

地　　址: 武汉市雄楚大街 268 号　　邮编: 430070

(湖北出版文化城 B 座 13-14 层)

网　　址: http: // www.hbstp. com. cn

印　　刷: 黑龙江艺德印刷有限责任公司　　邮编: 430070

880 × 1230　1/32　6.75 印张　146 千字

2020 年 12 月第 1 版　　2021 年 1 月第 1 次印刷

定价: 98.00 元

编委会名单

主　编　胡晓燕

编　写　曾　明　冯绍伟　石海鹏　杨成栋

　　　　和　咏　朱玉群　张惠华

前　言

2018 年 4 月 29 日，由中华医学会健康管理学分会牵头，联合国家卫生和计划生育委员会科学技术研究所、中国医师协会整合医学分会、北京健康管理协会，以及国内 30 余位专家和学者共同完成的《中国城镇居民心理健康白皮书》（以下简称《白皮书》）发布。《白皮书》称，当前中国城镇居民中 73.6% 的人处于心理亚健康状态，存在不同程度心理问题的人有 16.1%，而心理健康的人只有 10.3%，提示心理健康管理具有重要的医学意义与社会价值。2018 年 10 月，中共中央、国务院印发了《“健康中国 2030”规划纲要》。纲要强调“加强对抑郁症、焦虑症等常见精神障碍和心理行为问题的干预，加大对重点人群心理问题早期发现和及时干预力度”，这无疑是心理健康管理行业发展的巨大助推力。2020 年 9 月 11 日，国家卫生健康委员会官网发布了《探索抑郁症、老年痴呆症防治特色服务工作方案》。从该方案中可以看到政府对精神心理问题的重视以及有效防控精神心理疾病的紧迫性和必要性。同时，公众对心理疾病的认知，心理健康意识的增强与日俱增。这一切都带来了对心理健康管理服务的巨大需求。

在过去十年，虽然有上百万的心理咨询师和健康管理师拿到了相应证书，但是能提供专业的心理健康管理服务的却只有少数。分析下来，造成这种现状的原因主要有以下五点：①心理问题成因复杂，还常常伴随着生理问题（如失眠、疼痛、各种慢性疾病等），因此如果仅仅从心理学角度去理解疾病的发生，则难以有效地解决问题；②只学了基础理论没有学习实操经验，结果造成面对客户根本不知该从何处入手；③没有进行咨询服务的培训，结果连基本的客户沟通都做不了；④工具不好用，见效不够快，结果客户留不住；⑤不够专注，没有形成自己的专业特色。

要改善这种现状，快速地培养一支专业的心理健康管理服务团队，必须在专业培训上做一些彻底的改变。如：①系统培养人才（理论与实操并重），而不是只讲理论的证书培训；②聚焦压力管理（虽然心理问题的成因很复杂，但毋庸置疑，压力是其中最主要的一个诱因）；③引入国际前沿的压力管理系统（包括了理论培训、实操训练、顾问培养、标准制定等环节）。

毋庸置疑，从压力管理入手可以更好地防控心理疾病。而像 NuCalm 这样的高科技工具则可以大大提高压力管理的效率，降低压力管理的成本，让压力管理过程更容易标准化，从而可以快速地推广与应用。

在中国，压力管理属于一个新兴行业。在这个行业里，NIAS 团队起到了先锋的作用。2019 年 10 月底第三届营养医学国际高峰论坛上，NIAS 作为主办方邀请了美国压力管理领域的顶级专家来中国举办了首期压力管理顾问培训班，并与国内神经科学、精神病学、心理学方面的专家一起，共同完成了中国压力管理系统的设计，并推出了第一个压力管理系列培训课程，培养了中国第一批压力管理顾问，探索了 NuCalm 压力管理在 10 种常见的心身疾病，11 个特定群体中的应用。而在 2020 年 10 月 31 日举办的第四届营养医学国际高峰论坛（主题为“远离抑郁、教育先行”）上，国际专家团队再次深入地解读了压力在抑郁焦虑发生中的作用，并从营养医学、功能精神病学、神经科学等角度提出了解决方案。在临床探索方面，NIAS 也与多家专业机构合作，完成了一系列的具体细分领域的应用研究。到目前为止，NIAS 设计的压力管理系统中的各个环节，如公众科普教育、专业顾问培训、细分领域临床实验设计与实施、渠道开发与深入合作、压力管理工具包的完善、压力管理服务的标准制定等都已基本完成。

NuCalm
压力管理系统

目　录

第五章
优化大脑

第六章
NuCalm 赋能大健康产业

NuCalm
压力管理系统

第一章
压 力

NuCalm

NuCalm
压力管理系统

第一章
压　力

2018 年，《第一财经周刊》发布《都市人压力调查报告》，结果显示，有 43.3% 的人认为他们所承受的压力已经大到让自己吃不消。压力成了这个时代的“底色”，“压力山大”成了很多人调侃自己的常用语。

美国心理学学会在 2015 年进行的压力调查发现:

34% 的人认为自己今年的压力比去年更大了；

24% 的人认为自己的压力水平超过了 8（1 为最低，10 为最高）；

31% 的人认为压力对他们的身体健康有很强的负面影响；

32% 的人认为压力对精神和情绪有很强的负面影响。

压力是个抽象名词，压力相关症状则是具体的表现。常见的压力相关的问题包括: 紧张焦虑（42%）、抑郁悲伤（37%）、持续的担忧（33%）、易怒（37%）、暴饮暴食（39%）、彻夜难眠（46%）、不耐烦或对配偶大喊大叫（47%）、对同事不耐烦（25%）、挫败感（25%）。

一、压力与亚健康

当人感受到压力时，身体会释放压力荷尔蒙，让人体进入“战斗或逃跑”状态（交感神经兴奋），从而可以战胜困难或者逃离危险。但是当任务完成或者危险消失后，人体则进入“消化或休息”状态，放松下来补充能量，修复调整。可如果我们时刻感受到压力和威胁，一直处于紧绷的状态，那么交感神经就会持续兴奋，而副交感神经被抑制，结果交感/副交感平衡被打破，人体的各个器官开始纷纷出现功能障碍，结果就是我们熟悉的各种亚健康状况。

■经常感觉疲劳

■不明原因的胸闷、胸痛、腰背痛

■原因不明的全身乏力

■不能确定具体位置的肌肉痛、关节痛

■经常失眠多梦

■心情抑郁、容易焦虑或者紧张

■经常头昏脑涨，注意力不集中，烦躁或者恐惧

■健忘

■对什么都提不起兴趣，喜欢发呆

■食欲不振或者挑食

■性欲降低

■咽干、疼痛却没有发炎症状

■性功能减退

从健康管理的角度来说，亚健康阶段可以说是最理想的疾病预防阶段。原因有两点：①亚健康阶段通常还没有造成明显的器质性损伤，容易逆转；②亚健康属于典型的没病但是难受的阶段。疲乏无力、失眠、烦躁、疼痛、没胃口等问题让我们很不舒服，生活品质和工作效率都会受到影响，因此亚健康人群其实有改变的动力（与之相反，有些慢性病如糖尿病、高血压之所以难以改变，多数是因为没有明显症状，吃药就可以明显控制指标，因此改变动力不大）。

多数人在亚健康的时候采取的做法是下面两种：①到处做检查，直到有一天看到指标异常了，心理也就踏实了，开始药物治疗了；②没精力也不愿意再折腾，拖着疲惫的身体，每天硬撑着工作、生活，时间一长也就习惯了，直到有一天真的进入到疾病状态了，开始进行治疗。

医生通常的建议是改变生活方式，好好吃饭，按时睡觉，经常运动。但是这样的建议只有极少数人能做到。真的没有更好的办法吗？其实当我们要去解决一个问题时，首先要找到原因。

其实造成亚健康的一个根本性原因是长期的压力以及压力导致的交感/副交感失衡。因此要解决这个问题，需要：①停止伤害；②恢复平衡。

停止伤害可以从两个方面入手：①去除压力源；②提高抗压能力。对于多数人来说，去除压力源可能不太现实（例如换工作），因此提高抗压能力更容易做到。

什么是抗压能力呢？简单点说，就是在同样的事情发生的时候，您的身体不会再产生之前那样的压力应激反应。抗压能力的确与先天有关。例如有的人从小就冷静沉着，有主见有担当，有的人小时候就比同龄小朋友胆小，容易崩溃。但好消息是：抗压能力是可以通过后天训练和借助一些工具来提高的。

心理学中常用的认知行为疗法就是通过科学的训练和专业的指导，以及不断的练习来改变认知、提高抗压能力的。但说实话，认知行为疗法比较复杂，而且耗时长，还要讲究缘分（需要碰到一个好的专业指导顾问），更需要坚持一段时间的练习。因此，不适合大面积推广，也无法作为提高全民抗压能力的一个实用的方法。

此外，冥想、运动、生物反馈等方法也可以作为提高抗压能力的途径。

对于亚健康人群来说，与提高抗压能力相比，快速恢复交感/副交感的平衡，改善症状，恢复活力更为迫切，也更为重要。因为让一个疲乏无力经常头晕头胀的人变得积极乐观真的不是一件容易的事情，反之，如果睡得好了，有精神了，自然情绪也会变好，对事物的认知和处理事情的态度也会发生改变。

交感神经优势	副交感神经优势
血压升高	血压降低
心率增加	心率降低
炎症增加	炎症降低
血糖升高	血糖降低
大脑敏锐	大脑迟钝
消化减弱	消化增强

表 1–1　交感优势与副交感优势

如表 1-1 所示，交感 / 副交感神经调控着血压、血糖、消化、神经等。如果能够在亚健康阶段恢复二者的平衡，那慢病预防（如三高、炎症相关的肥胖、癌症等）就真的落到了实处。

该如何恢复交感 / 副交感平衡呢?

其实只要是能够让我们放松减压的方法都会有一定的帮助，如呼吸训练、渐进式放松训练、瑜伽、正念冥想、HRV 生物反馈、EFT 情绪释放技术等。

二、压力与慢病管理

美国斯坦福大学医学院细胞生物学家布鲁斯·立普顿（Bruce Lipton）教授指出，至少 95% 的疾病与压力有关：比如癌症、心血管疾病、脑血管疾病（如中风）、代谢类疾病（如糖尿病）、甲状腺功能减退、过劳死 / 猝死以及抑郁、焦虑、失眠等。

近些年中国面临着慢病井喷、未富先老的问题，慢病管理成为一个热门行业。但是如何做好慢病管理呢？有人说要多做科普，提高公众健康意识；有人说要治未病，不要等到生病了再去管；还有人说改变生活方式，要用膳食补充剂。这些都有道理，但是却都没有提到一个关键的问题，那就是压力管理的问题。

一方面压力是造成慢病高发的一个重要原因，另一方面压力管理是有效的慢病管理不可缺少的部分。

2018 年发布的《中国城镇居民心理健康白皮书》中则提到慢病人群心理问题伴发率极高。如肿瘤病人心理还能保持健康的只有 0.4%，心理疾病的比例高达 67.1%。脑梗、心梗的病人有心理疾病的在 60% 左右，糖尿病、高血压、冠心病人群中心理健康的也只占 6.5% ~ 8.1%。其中最常见的心理疾病或者心理问题是抑郁、焦虑。

对于慢病人群来说，压力是疾病发生的一个重要诱发因素，同时长期的疾病对身体来说也是一个压力源。二者相互促进，形成一个恶性循环，难以打破。

因此在慢病管理中，压力管理不仅是综合干预方法中的一个重要组成部分，而且也是解决慢病人群心理问题的核心部分。对于很多慢性疾病来说，如果从压力管理入手，快速改善睡眠和情绪，提升精力，不再感觉疲乏无力，那样不仅会建立客户对于慢病管理顾问的信任，而且也有了动力和能力进行饮食的改变，开始运动。

可事实上，压力管理目前在国内是一片蓝海。整个压力管理行业缺乏成熟的理论、没有系统的培训、没有专业的服务人员、没有简单易操作的工具，也没有行业标准。因此，要快速建立中国自己的压力管理系统，提升慢病管理的效率与效果。

三、压力与心理健康管理

2018 年，由中华医学会健康管理学分会牵头，联合国家卫计委科学技术研究所、中国医师协会整合医学分会、北京健康管理协会及国内 30 余位专家和学者历时 5 年，对 112 万城镇人口的心理健康大数据进行分析后发表的《中国城镇居民心理健康白皮书》中指出：73.6% 的人处于心理亚健康状态，16.1% 的人存在不同程度心理问题，仅有 10.3% 的人符合心理健康标准。其中强迫、焦虑、人际关系障碍、抑郁、偏执、敌对等人数最多。

下面的问题就是《中国城镇居民心理健康白皮书》数据收集时所使用的“Goldberg 心理评估问卷”。

是否干什么事情都不能专心	是 否
是否因心烦而睡眠很少	是 否
是否感到在各种事情上都不能发挥作用	是 否
是否对一些问题没有能力做出决断	是 否
是否总是处于紧张之中	是 否
是否感到无法克服困难	是 否
是否从日常生活中不能感到乐趣	是 否
是否不能够面对困难	是 否
是否感到不高兴和心情压抑	是 否
是否对自己失去信心	是 否
是否认为自己是无用的人	是 否
是否所有的事情都感到不值得高兴	是 否

上述每道题回答“是”的记 1 分，回答“否”的不记分。评分等于或大于 4 分时，则为心理亚健康，积分越高，表示问题越大。

现状是：①公众认知水平不够，处于亚健康或者疾病状态却不自知，没有引起重视；②专业人员缺乏，评估工具有限，干预手段更是不足。

如果要提高全民心理健康水平，一方面要为现有的心理疾病人群提供切实有效的管理方案，帮助他们快速改善，尽快康复；另一方面则要以心理亚健康人群为核心，通过科普教育和简单实用的压力与情绪管理方法来有效预防心理疾病发生，增加心理健康人群的比例。

四、压力管理

（一）急性压力的处理

人一生中或多或少都会经历一些急性压力刺激，例如天灾人祸、重大疾病、亲人离世、失恋丧偶、父母离异、工作变动等。多数事件的发生无法提前预测，但是我们在事件发生后多快做出反应，处理是否得当，直接决定了是否会因为急性压力刺激而对身心造成持续性的负面影响，是否会留下“后遗症”。

汶川地震后一年对当时参加救援的志愿者做过一个调查，结果发现70%的志愿者仍然没有完全回到之前的正常生活。地震时作为旁观者看到的一幕幕场景对人心理造成的冲击因为没有及时得到缓解而变成了一种创伤后应激障碍。就像从急性感染变为慢性炎症一样，没有那么强烈了，却总是挥之不去。

也许有人会说，那我们能怎么办？这是人的先天抗压能力决定的。为什么同样的事情有的人就能扛过去，有的则不行。

的确人与人之间有先天差异，但是抗压能力和遇到事情做出的反应都是可以后天训练的，而且还可以借助于高科技的一些工具帮助自己更好地处理。

（二）慢性压力的管理

急性应激事件发生的概率毕竟比较小，现代人最大的问题其实是长期的慢性的压力。环顾四周，会发现说自己压力大的人越来越多。因为压力大走向极端的人也经常被报道（抑郁自杀的）。而要管理好慢性压力，最直接最简单的方法就是避开，就像是不吃自己过敏的食物一样，不给它伤害自己的机会。

1. 常见的压力类型及其触发因素

（1）生理压力。过敏、发烧、疼痛、创伤、缺乏活动、过度劳累、疾病、睡眠不足等。

（2）情感压力。离婚或分手、死亡、自己或所爱的人长期患病、缺乏关爱或缺乏朋友、愤怒、焦虑、沮丧、内疚等。

（3）社会压力。工作晋升或降职、财务问题、与亲人或朋友的关系等。

（4）环境压力。接触荧光灯、电脑、打印机、手机、家用电器、变应原、化学品和其他环境毒素。

（5）精神压力。失去生活目的、害怕死亡、缺乏信仰、缺乏存在感等。

有些压力可以避开，可以减少，如环境压力。但是很多压力与人有关，如亲子关系不好是很多妈妈最大的压力来源。如何避开？因此提高我们的抗压能力是有效管理慢性压力更重要的一个途径。

2. 抗压能力可以训练

抗压能力的确与先天有关。例如有的人从小就冷静沉着，有主见有担当。但是后天训练也可以有效地提高抗压能力。

心理学中常用的认知行为疗法就是通过科学的训练和专业的指导以及不断的练习来改变我们对于世界的认知，从而提高抗压能力。

但说实话，认知行为疗法比较复杂，而且耗时长，还要讲究缘分，需要碰到一个好的专业指导顾问，更需要坚持一段时间的练习。因此，不适合大面积推广，也无法作为提高全民抗压能力的一个实用的方法。

五、常用压力管理方法

有效的压力管理不仅是慢病管理中的重要一环，更是心理疾病的直接干预手段。对于追求健康的人来说，日常压力管理更是预防疾病，达到自己最优状态的基本工具。

下面是一些常用的压力管理方法。

（一）营养补充剂和饮食

营养缺乏和不良饮食会对身体造成压力，加重焦虑、抑郁和多动的症状，进而产生更多的压力，形成恶性循环。

为了避免营养缺乏，首先需要改变饮食习惯。理想情况下，饮食需要避免所有可能导致过敏或不耐受的食物，远离食物添加剂、糖、碳酸饮料和精制碳水化合物。每天喝大量的干净的水，减少酒精摄入（每天要少于一杯红酒或啤酒）。

有些营养素可以缓解压力，恢复平静和放松，促进睡眠。其中包括肌醇（维生素 B_8）、镁、GABA（γ-氨基丁酸）、甘氨酸、牛磺酸、L-茶氨酸和N-乙酰-L-酪氨酸。

另外两种缓解压力和促进睡眠的营养补充剂是酪蛋白水解物（lactium）和菲尼布特（phenibut，4-氨基-3-苯基丁酸）。酪蛋白水解物是一种牛奶蛋白中提取的天然物质，临床研究表明，酪蛋白水解物能显著改善多种与睡眠障碍相关的因素，包括失眠。多项公开发表的临床研究也表明，酪蛋白水解物是安全有效的，可以调节压力，帮助血压和心率的恢复。

菲尼布特是γ-氨基丁酸的衍生物，含有一个苯基环，使它能够穿过血脑屏障。菲尼布特是俄罗斯科学家在20世纪60年代发现的，在俄罗斯被广泛用于治疗焦虑、失眠和其他睡眠障碍，还包括创伤后应激障碍（PTSD）在内的各种压力症状。研究还表明，菲尼布特可能是一种益智药物，这意味着它可以增强神经功能，如学习、认知和记忆功能。

（二）运动

运动是一种有效的减压方法。但是现代人因为压力大、整日忙忙碌碌，变得疲惫不堪，多数人既不想也没有时间和体力运动。对于现在越来越普遍的肾上腺疲劳和甲状腺功能减退的人群来说，运动很可能会导致疲劳和相关症状加剧。一定要谨慎。

（三）冥想

20世纪60年代以来，西方国家对冥想进行了广泛的研究。

大量的研究发现，每天冥想1 ~ 2次，可以带来许多生理和心理上的益处。这些研究表明，冥想通过降低心率、降低呼吸频率和改善应激荷尔蒙（如皮质醇）的调节功能来改善与压力相关的生理和生化指标。冥想可以提高抗压能力。坚持冥想练习会令人变得平静、快乐、有活力。

然而，冥想的益处通常需要几个月甚至几年时间才能看到。当我们感到压力过大，需要尽快缓解时，冥想的帮助就比较有限了。

（四）MBSR（正念减压技术）

MBSR（mindful based stress reduction）是1979年美国卡巴金（Jon Kabat-Zinn）博士结合东方禅修传统与西方医学、心理学研究，于麻省州立大学医学院所创设的疗程，是当代最重要的心理治疗和心理保健方法之一。

30多年来，西方学界与医界已发表了数以千计的研究文献，证实了MBSR作为团体训练课程的有效性。迄今欧美已有包括斯坦福大学附属医院在内七百多家医院及身心机构开设MBSR课程帮助患者及社会大众。MBSR作为失眠、亚健康、焦虑、抑郁、慢性疼痛的辅助疗愈，以及亚健康防治、职场减压、领导力发展、学校教育、亲子关系、老人养护、竞技体育等有效的干预手段，已经被广泛应用。

但是MBSR的基础学习时间为8周，而且需要资深专业导师进行授课与指导，这两个条件就大大限制了使用 MBSR 的人。而且和瑜伽、冥想、太极等方法一样，要真正从 MBSR 中受益，需要主观上努力坚持一段时间。可是对于最需要的压力大的群体来说，对于这样的要求，多数人真的感觉是有心无力。

（五）EFT（情绪释放技术）

EFT（emotion freedom technique）是近些年在美国流行的一种心理干预方法。EFT 情绪释放技术，可以快速地释放负面情绪，在短时间内得到纾解。但正确使用 EFT 技术需要经过正式的训练，否则有可能会适得其反。在美国有相应的线上或线下培训可以参加。但目前在中国 EFT 还缺乏专业的训练课程，也没有相应的治疗师。

（六）瑜伽和太极

经常练习瑜伽和太极有多个健康益处，包括减轻压力。然而，就像冥想一样，瑜伽和太极需要坚持才能有效果。

（七）轻松、优雅的压力解决方案

在前面提到的方案中，除了酗酒和吸毒，其他的都是管理压力的好方法。然而，除了营养补充剂外，其他方法的共同特点是有一定难度并且见效较慢。例如，EFT、MBSR、HRVB 和 CBT（认知行为疗法）都需要经过专业培训后才能操作。目前在中国相关的培训是有限的，专业指导顾问数量也有限。虽然这些方法临床验证有效，但是实际操作却受到很大限制，因此受益人数也是寥寥无几。而营养补充剂不仅要用对，还要考虑吸收效率问题，因此对于很多人来说效果也不理想。运动、食疗不仅需要专业知识，而且需要坚持一段时间后才能见到效果。坚持，尤其是改变习惯，本身就是很困难的一件事情。因此，这两个方法属于“说起来简单做起来难”的方法。芳香疗法、音乐疗法、互助组对于某些人群来说有一定效果，但很多因素都会影响效果，导致结果难以预测。而且这些方法需要投入时间和金钱，因此从投入产出比上来说，也不算理想的解决方案。

是否能找到一个方法，有上述所有方法的益处，却不费力——不需要到处跑，不需要训练，不需要医疗监督，而且使用次数越多，累积的效果越好，越能提升大脑应对压力的能力？

NuCalm 就是这样一种方法，可以科学管理压力，全面提升生活品质。

六、理想的压力管理解决方案

理想的压力管理方案应该具备以下特点：

●安全

●有效

●科学

●易操作

●成本合理

英文版“A New Calm”一书的作者迈克尔·加利泽医生是抗衰老、再生和预防医学的综合内科医生和临床专家。另一位作者赖瑞（Larry Jr.）是国际公认的健康领域的畅销书作家。他们之所以花费时间来撰写关于NuCalm的书是因为他们从来没有见过一种方法像NuCalm一样可以快速、方便、有效地管理压力，同时平衡自主神经系统——身体里最强大的控制系统。

18年的临床经验和大量的研究证实NuCalm可以带来大量健康益处，包括：

- 减轻压力
- 抑制不必要的压力激素的产生
- 镇静神经
- 提高睡眠质量
- 帮助逆转失眠等睡眠障碍
- 增强免疫力
- 提升心脏和心血管功能
- 促进呼吸健康和改善鼻窦状况
- 减轻疼痛
- 缓解焦虑和恐惧
- 恢复身体的生物钟和生物节律
- 加速从体力消耗和物理损伤中恢复

此外，您还会发现NuCalm对许多健康有益，从牙齿问题到肿瘤、心脏病、创伤后应激障碍（PTSD）等。

NuCalm带来的众多益处，让它成了精英运动员、企业高管、创意艺术家和许多杰出人士的首选。正如您了解到的，这项技术可以显著提高专注力，让大脑清晰敏锐，从而提高创造力和解决问题的能力。

第二章

探索、研发与发展

NuCalm
压力管理系统

第二章
探索、研发与发展

一、探索、整合与疗愈之旅

NuCalm 技术是 3 种尖端疗法的革命性的整合，每种疗法本身都有其广泛的健康益处。而 NuCalm 的发明者——霍洛威博士是个非常特别的人。他不仅是神经科学家和临床自然疗法导师，而且他在功能生物学、临床营养学、正分子医学、应用心理生物学、行为科学、生物物理学（包括电磁疗法）、成瘾学和针灸方面都进行了深入的学习和研究。

霍洛威博士从小就是一个有好奇心的孩子，而 NuCalm 的发明动力可以追溯到他的童年。他的两位叔叔酗酒，一旦酒瓶粘上嘴唇，就一定要把瓶子喝空才肯放开，最后他亲眼看着两个叔叔死于酒精中毒。因此，霍洛威博士对酗酒和其他成瘾的原因很感兴趣，并想尽其所能去帮助这些有成瘾疾病的人。于是，霍洛威博士在毕业后就到戒赌中心工作。当时标准的治疗流程是 12 步程序，有时候再加上认知行为疗法。

当霍洛威博士对成瘾、压力和焦虑有了更多的理解之后，他决心去寻找一种更好的方法。在成瘾治疗领域，其实复发率极高。就其本质和生物学原理而言，成瘾就是一种复发性疾病。如果一个人的大脑和神经系统中的固有问题没有得到解决，这些问题会继续驱动着成瘾者的焦虑、担忧和抑郁，限制他们解决问题的能力。霍洛威博士认为复发的主要原因是压力和焦虑。只有帮助成瘾者摆脱焦虑，才有可能治愈成瘾，并将复发的风险降到最低。

如果您是一个患有成瘾性疾病的人，并且也有同样病态的焦虑，那您的生活真的像是在走钢丝。而用于治疗焦虑症的苯二氮卓类药物（benzodiazepines）本身就有潜在的成瘾性。对于成瘾者来说无异于饮鸩止渴。

在寻找更有效的成瘾治疗方案的过程中，霍洛威博士发现了脑波生物反馈技术，也叫神经反馈或神经疗法。

研究表明，α 和 θ 波都与最佳的大脑功能如快乐、洞察力、创造力有关。容易上瘾的人往往不能产生足够的 α 和 θ 波，因此他们会对某些物质（如酒精）产生的短暂快乐上瘾。

脑波生物反馈治疗会增加患者的 α 和 θ 波。随着时间的推移，他们的决策能力也会提高，也更能体验到满足感和幸福感。因此，脑波生物反馈治疗是有效治疗成瘾和防止复发的技术，同样也对抑郁、焦虑和其他心理问题有效。

20 世纪 80 年代，潘尼斯顿和库尔科斯基博士在退伍军人管理局利用脑波生物反馈疗法对有酗酒问题的越战老兵进行了治疗。这些老兵患有创伤后应激障碍（PTSD）。治疗后他们真的变得清醒了，PTSD 症状也得到了显著改善。然而要达到这样的效果，需要 45 ~ 65 次治疗，在人力、物力、财力方面的投入都非常大。也是因为这个原因，虽然这个疗法在这家退伍军人管理局医院获得了成功，但其他退伍军人管理局医院并没有引入。

霍洛威博士开始对病人使用脑波生物反馈疗法，发现它对焦虑产生了积极的益处。另外，在创伤性脑损伤的修复方面也看到了不同寻常的效果。得克萨斯州一位议员的女儿在车祸后，进行了脑波生物反馈治疗，取得了成功。她的议员父亲甚至把这写进了法律，规定得克萨斯州保险公司必须把脑波生物反馈治疗纳入保险。虽然脑波生物反馈治疗有效，但是治疗非常耗时，而且成本很高。与之相比，NuCalm 只需要使用几天，就能达到 90 天脑波生物反馈疗法才能达到的效果。

研究证明呼吸是可以受大脑控制的。人的自主神经系统可以被训练得更好。如果您关注焦虑和压力问题，首先要关注自主神经系统。自主神经系统分两部分：交感神经和副交感神经。交感神经和“战斗或逃跑”反应相关，而副交感神经和“放松、修复、消化”相关。当霍洛威博士研究成瘾时发现，如果病人的 HRV（心率变异性）稳定在正常的区域，那么他们就不会复发了。

二、研发

英国的玛格丽特·帕特森（Marganet Patterson）博士研发了一套经颅微电流刺激疗法，称为 CES（cranial electrotherapy stimulation）。CES 采用的是一种非针刺、非药物的成瘾治疗技术，它使患者能迅速有效地戒除毒瘾，包括海洛因、可卡因、美沙酮、尼古丁和酒精等。

霍洛威博士对 CES 非常感兴趣，除了关注 CES 在成瘾领域的应用外，还关注它在治疗创伤和慢性疼痛领域的表现。霍洛威博士收集了当时所有类型的 CES，甚至自己制作了一些。但单独使用 CES 似乎效果还是不太理想，总感觉缺少了点什么。

后来，霍洛威博士注意到神经递质领域里的一些研究。脑中用来帮助人们避免过度兴奋的神经递质是 GABA（γ-氨基丁酸），它是抑制性的，对自主神经系统平衡至关重要。在高度焦虑的人群中，GABA 水平或极低，或极高。正常来说 GABA 水平高的人应该冷静才对，但研究发现 GABA 水平高的焦虑人群的 GABA 受体出了问题，GABA 根本起不到作用。霍洛威博士给这些高 GABA 的人做了 CES 治疗，结果发现过高的 GABA 值消失了，很可能是因为 CES 促进了 GABA 与其受体的结合。CES 治疗反应良好，但 CES 不能产生神经递质，而氨基酸疗法可以，如果把二者结合起来，那效果一定是 1+1 大于 2。

接下来，霍洛威博士与牙科诊所合作，进行了 13000 人的临床研究。统计数据显示，有大约 6000 万人因为高度焦虑而不去看牙医。在牙科领域，一些高度恐惧的病人在接受治疗之前必须用静脉药物镇静。霍洛威博士采用 CES 与氨基酸治疗相结合的方法，能让很大一部分病人不需要再进行静脉注射镇静剂。如果同时使用 CES、氨基酸疗法，再结合笑气，麻醉效果可以与静脉注射相媲美了。

三、NuCalm 诞生了

得益于脑波生物反馈设备的进步，霍洛威博士可以记录下牙科病人的脑电波，用于进一步的研究。霍洛威博士发现双耳节拍可以通过人为诱导的方式使病人的脑电波进入 α-θ 频率，结合 CES 和氨基酸疗法，可以帮助病人快速有效地放松下来。

第一代 NuCalm 就这样诞生了。如图 2-1 所示：NuCalm 系统包括了神经声学软件（APP）+ 耳机（双耳节拍）、CES、氨基酸配方、遮光眼罩（增加 α 波）。

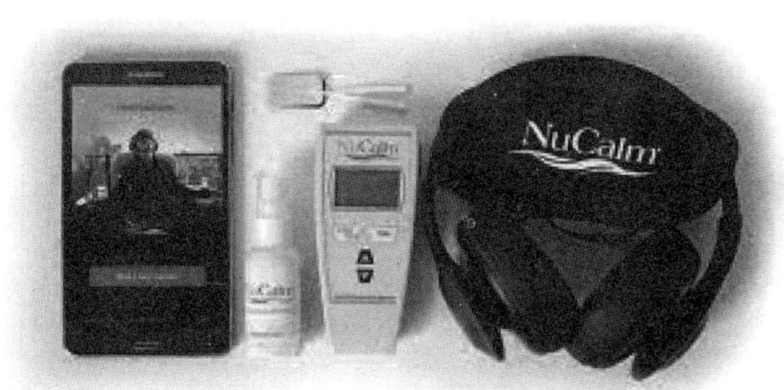

图 2–1　NuCalm 三合一系统

霍洛威博士最初的想法是找到成瘾性疾病的治疗方法，但结果得到了一个用非药物的方法，维持和平衡人类自主神经系统的方法。他从不同研究领域中汲取灵感，然后把它们整合在一起创造出了一个可预测、快速起效、安全的系统。

霍洛威博士开始研究量子物理学和神经科学，并创造了一种全新的产生脑波夹带的神经声学方法。它是非线性的、动态的，比双耳节拍更复杂更巧妙，可以让 NuCalm 更有效。霍洛威博士总结了自己对 NuCalm 的感受，他说："我认为这项发明最大的特点是，不用坐下来接受大量的训练和指导，您就可以用它来改善您的大脑和自主神经系统的功能……马上就可以开始，您自己就可以使用这个系统。"

越来越多的人开始对冥想感兴趣。她们花费时间和金钱，远离家人，到冥想基地参加训练。但即使付出这么多，她们自己或者她们的导师都不敢说 3 ～ 5 年她们能到什么水平？

但是有了 NuCalm，人的大脑在几分钟内就进入到冥想态，而这需要高阶冥想者花数年时间进行训练才能实现。通过模拟大脑下丘脑—垂体—肾上腺轴的负反馈回路，霍洛威博士创造了一个奇迹：使用 NuCalm 能够达到高阶冥想者相同的脑波模式。

研究人员对有长期心理问题（对其他治疗没有太大反应）的病人进行研究发现，90 天的冥想可以让大脑发生积极的可塑性改变。使用 NuCalm，则可以更快地获得同样的益处。

霍洛威博士意识到，他开发的 NuCalm 系统比他最初设想的更强大。因为 NuCalm 系统可以平衡自主神经系统，因此它可以有效治疗各种与自主神经功能障碍有关的疾病。

自主神经功能障碍引起的健康问题很多，包括过度疲劳、口渴、血压过高或过低、心率不规则、呼吸困难或吞咽困难、便秘和其他肠胃问题、膀胱和泌尿问题，以及男性勃起功能障碍、女性阴道干燥和性高潮困难。自主神经功能障碍也是慢性疲劳综合征、纤维肌痛、肠易激综合征和间质性膀胱炎的一个风险因素。

四、NuCalm 的发展（2.0 版本）

虽然 NuCalm 在临床非常出色，而且获得了世界上第一个“用非药物方法平衡自主神经系统”的专利技术。但是霍洛威博士和他的团队却一直在想如何让 NuCalm 更快速，更方便。

2019 年 9 月 9 日，NuCalm 2.0 系统正式推出。

NuCalm 2.0 在以下 3 个领域做了改进。

（一）更复杂的神经声学软件

制作双耳节拍音乐并不困难，但是难的是如何避开大脑的网状激活系统（RAS 系统），持续地对大脑产生影响。NuCalm 1.0 版本时就采用了非线性震荡算法，其 Relax（放松）系列有 6 个不同的音轨。NuCalm 2.0 最重要的一个改变是采用了更复杂的非线性震荡算法，使用的频率和不和谐度进一步增加，这样不仅增加了网状激活系统识别难度，而且在诱导产生脑波夹带效应方面更快速，使大脑更深入地参与其中，从而可以更彻底地疗愈。同时因为其复杂性，RAS 系统不会产生耐受，所以效果与作用也更加地持久。

NuCalm 2.0 影响的脑区也比 NuCalm 1.0 要多。通过影像学研究发现，NuCalm 2.0 可以影响到前额叶、额叶运动皮层、听觉运动皮层、胼胝体（连接左右脑半球）、下丘脑（HPA，HPT 与 HPG）等。

（二）出色的音乐制作团队

NuCalm 2.0的另外一个重大改变是与资深音乐制作人丹塞林（Dan Selene）的合作。丹是美国新时代音乐流派的先驱之一，在音乐制作行业已经40年了，他有他自己的唱片公司和音乐制作工作室。他本人是一个音乐制作工程师，同时他在冥想、医学催眠与神经语言程序学NLP方面也有深入的研究。因此，丹对于NuCalm的作用机理非常了解，同时他个人也是NuCalm的受益者。对丹来说，有机会加入NuCalm团队，设计制作与NuCalm 2.0相匹配的音轨是个非常有挑战的任务，但是也同样令他兴奋。

为了实现这一目标，丹召集了一支由作曲家，音乐家，音频工程师，许可专家和律师组成的跨学科团队。这是一个非常复杂的过程，因此开发一个音轨需要6～8个月的时间。

要在特定的时间点达到特定的音高，调到特定的频率，从而让脑波进入到特定的状态真的很不容易，对音乐制作团队要求非常高。像深度修复音轨，开始频率是13.5 Hz（低Beta），音高是161，30秒之后，频率降到11.5 Hz（Alpha波），音高是154。如此反复，大约每30秒就要变化一次。而丹的团队需要按照这样的频率和音调来设计制作音乐，这本身就很困难，而且还要找到让多数人听着熟悉或者舒服的声音。但是熟悉和舒服的程度还有讲究。过于熟悉了，我们就会情不自禁地跟着音乐走，有些情绪就会被调动起来，那NuCalm想要诱导大脑按照它的设计走，进入冥想态就很困难。因此，丹需要找到一些声音和旋律让我们觉得熟悉，但又不会沉迷其中。只有这样，才能完成NuCalm的目标。

以最受欢迎的 Recovery Ⅱ（深度修复Ⅱ）来举例说明一下。在开始的 15 分钟是以旋律结构为主的（很多人会觉得比较熟悉），接着在第 16 分钟的时候结构变了，您会听到一些熟悉的大自然的声音，如海浪、海鸥的声音，但仔细听，在这些声音之下还有一个持续存在的背景音。之所以这样设计，就是为了匹配这时候进入 Theta 所需要的音调和频率。

再说一个小细节：丹是一个完美主义者，为了录制海浪的声音，他走过很多地方，只为了找到那个能量最强的区域的海浪的声音。因为不同的位置磁场不同，能量也有区别。在 Recovery Ⅱ深度修复中听到的海浪的声音就是丹和他的团队在美国加利福尼亚州的大索尔河畔海边用复调 3D 麦克风直接录制下来的。还有一些海洋的声音是在夏威夷录制的，而蝉鸣的声音则是来自于亚利桑那州一个很特别的地方。

丹说他在制作 NuCalm 音轨的时候就像在做脑部手术，需要特别专注，需要一丝不苟。丹与他团队的付出为 NuCalm 2.0 增加了更多的力量和色彩。

（三）疗愈频率

声音的本质是传播媒介的振动，耳膜将其转化为神经电位，从而在大脑皮层产生听觉。每个音高，都有与之对应的频率，这与音量和音色无关（振动幅度决定音量，波形和传播媒介决定音色）。振动频率以“Hz”（赫兹）为单位。赫兹是指每秒周期运动次数，通常在做乐器的调音时，都会用 La（A）音作为基本音，所以，当我们说 A=432 Hz 时，指的就是 La（A）音的声波每秒振动 432 次。

阿尔伯特·爱因斯坦提出：所有的一切，包括我们的身体，都是以不同频率振动的能量所构成。近年来，科学家已经证实宇宙的振动本质，一切万物都有其特定的振动频率，只要频率相近的人、事、物在一起，就会互相吸引。毕达哥拉斯认为音乐具有把人和宇宙联系在一起的力量。音乐可以跨越语言和文化冲突，充当情感交流的桥梁，传递美好的愿景。原因就是每个人都是振动波，频率之间可以相互影响。

有些特定的频率甚至如同草药，能治疗身体和精神上的疾病。2016年5月20日柯博拉在他的部落格发布了这一首《爱的信号》的音乐。这是528 Hz的疗愈音乐，由哈佛大学霍洛维茨博士、Puleo医生及抵抗运动发言人柯博拉联袂推荐。《爱的信号》是528 Hz音乐，被认为是转化修复DNA的爱的频率，可以激活松果体并扩展我们的意识。很多的正念和冥想音乐使用的就是528 Hz频率。

在制作NuCalm 2.0的Recovery Ⅱ（深度修复）时，使用了528 Hz（DNA修复，爱与奇迹）。而在Power Nap（快速充电）中，则主要采用432 Hz（432 Hz是一个柔和、温暖、舒适的频率，会让身体感觉到放松）。

（四）生物能量贴片

GABA 是 NuCalm 系统中不可缺少的一部分，也是系统改进时必须考虑的部分。下面分享一下是如何从最初的咀嚼片变成今天的生物能量贴片的?

1. 可咀嚼的补充剂

使用时间：2010—2014 年。配方很好，效果还不错，但是每次需要服用 3 片，还要在嘴里含 2 分钟，以便它可以充分地吸收，因此使用不是很方便。更重要的是对于部分人来说没有效果（口服需要经过消化吸收等一系列过程，如果使用者的消化系统有问题，必然会有很大的影响）。

2. 透皮霜

使用时间：2015—2019 年。与补充剂相比，透皮霜加上 CES（经颅微电流刺激仪），效果优于口服补充剂，而且之前使用补充剂无效的一些客户，一部分会在使用透皮霜 +CES 后有明显效果。但是操作过程还是有些复杂，需要涂抹透皮霜，调节 CES 电刺激仪，测试强度，然后才能再开始使用。

3. 生物能量贴片

其实从 2016 年开始，霍洛威博士就开始思考如何找到比透皮霜更为简单有效的提升 GABA 的方法。他发现如果沿用之前的思路，很难提升。但是因为霍洛威博士本身就是多学科背景，对于能量医学、中国针灸都非常了解，因此他把研究方向从物质层面转为能量（频率）层面。

经过两年的反复试验，生物能量贴片终于研制成功。生物能量贴片其实是一个多波振荡器，通过谐波振荡在特定的部位产生共振来恢复细胞的正常频率。生物能量贴片带有生物静电，接触人的皮肤后被人体的电磁场激活开始起作用。贴片上刻录了 GABA 的频率，因此在接触人体后，会快速传递给有需要的细胞，弥补因 GABA 不足引起的各种问题。

2018 年 7 月 8 号第一批贴片制作成功，然后进行了各种效果评估与对比测试。由 52 名专业人士组成的医疗咨询委员会参与了测试的设计与实施。一年后拿到了完整的测试结果。生物能量贴片不仅在有效性、稳定性方面通过了测试，而且与透皮霜 +CES 的对比实验发现，生物能量贴片的效果更好，有效率更高。

2019 年 11 月份 NuCalm 生物能量贴片正式推出。

当贴在左手腕内侧内关穴（在英文中称为P6位点）位置时，生物能量贴片会向心包发送信号，激活局部迷走神经，并把信号传递到大脑，从而开始增加迷走神经输出并发出让细胞变慢的信号。这一过程模拟了人体慢慢进入平静、恢复性睡眠的自然过程。普通版的能量贴片上有 GABA 和 L- 茶氨酸的频率。

专业版的能量贴片则除了具有 GABA、L- 茶氨酸的频率外，还有迷走神经的频率。与普通版能量贴片相比，可以让人体更快、更深入地放松下来。对于长期交感优势的人，对于自主神经系统严重失调的人，对于焦虑恐惧失眠的人来说，专业版能量贴片的优势更为明显。

第三章

NuCalm 的作用机理

NuCalm
压力管理系统

第三章 NuCalm 的作用机理

一、NuCalm 的独特优势

压力是对威胁刺激的生物反应，无论是真实的还是感知到的。在急性应激反应中，有两条通路会同时被激活，即自主神经系统—交感肾上腺髓质（SAM）轴和下丘脑—垂体—肾上腺（HPA）轴。SAM 触发肾上腺素（adrenephrine）和去甲肾上腺素（norephrine）从肾上腺髓质释放到血液中。随着这些激素在体内循环，呼吸和心率加快，血压升高，以最大限度地将含氧血液输送到重要器官。这会提醒身体加速，紧张，变得高度警觉，并采取行动。同时，HPA 需要触发一系列荷尔蒙信号来维持这种高度警觉的状态。下丘脑释放促肾上腺皮质激素释放因子（CRF）来释放促肾上腺皮质激素（ACTH）。这种激素进入肾上腺，促使肾上腺释放皮质醇，一种众所周知的应激激素。皮质醇的释放可以增加肾上腺素的产生，同时触发蛋白质储存中的葡萄糖释放，为身体提供能量。人类的急性应激反应是我们进化过程中的一种自我保护。但是对于现代人来说，急性应激事件大大减少，慢性压力和焦虑是对健康和长寿的最大威胁。估计近三分之一的人因为慢性压力和焦虑而导致了各种健康问题，例如恐惧、焦虑、抑郁、易怒等情绪问题，心悸、头痛、呼吸短促、胸痛、疲劳、肌肉紧张和频繁感染等生理问题，以及各种常见病，慢性病。

NuCalm 是截至目前最为理想的压力管理方案。

（1）快速见效：10 分钟之内就会让身体从交感进入副交感（HRV 评估）；有的症状 1 次就有显著改善，多数在 1 周内也会有改变。

（2）简单方便：核心技术很复杂（神经声学软件、双耳节拍和生物能量贴片），但是使用起来很方便。只要贴上贴片，打开平板电脑，带好耳机，戴上眼罩就可以开始体验。完全可以自己在家里操作，非常简单易用。

（3）成本可控：固定成本无限期使用，而且可以全家人一起使用。成本完全平民化。

临床证明，NuCalm 无须借助药物就能在几分钟内自然地放松大脑和身体。因为现代人的很多健康问题都源自 HPA 轴调控失灵，结果导致我们在压力事件结束后仍然持续从肾上腺释放皮质醇，人体一直处于慢性压力应激状态。NuCalm 能够重置下丘脑—垂体—肾上腺（HPA）轴的自然产生的负反馈回路，使人体的压力应答反应回路恢复正常。

NuCalm 由 3 个独立的部分组成，是一个三合一的系统。生物能量贴片通过经络将特定的电磁频率通过心包中的副交感神经丛传递给大脑，让使用者在几分钟内从“战斗或逃跑”的交感神经优势进入“放松修复”的副交感神经优势。处于副交感优势的人压力激素水平将开始下降，HPA 轴被抑制，不再感受到焦虑和压力。在贴片的协助下，NuCalm 的核心部分——神经声学软件结合双耳节拍技术，则可以人为的诱导脑电波进入 Alpha 波（放松态）~ Theta 波（冥想态），让身体可以有机会快速修复、疗愈、调整。

使用 NuCalm 可以恢复细胞健康，增强抗压能力，缓解肌肉紧张，提高精神敏锐度，改善睡眠质量，调节昼夜节律，增加能量水平，改善整体健康。

通常在几分钟内 NuCalm 就能激活副交感神经系统，并继续维持副交感支配状态，让身体进入深度冥想放松状态，让身体可以修复疗愈。

NuCalm 的这些作用和优势只有在了解了 NuCalm 的作用机理后才能真正理解和认识到。

二、基本概念和理论

为了更好地理解 NuCalm 的作用机理，首先要了解一些基本概念和理论。

例如，NuCalm 拥有世界上第一个也是截至目前唯一一个维持自主神经系统平衡的专利技术。NuCalm 是三合一的系统，涉及神经声学软件、双耳节拍、带有 GABA 和迷走神经频率的生物能量贴片。

如果我们根本就不知道什么是自主神经系统，那不可能理解这句话的意思；如果我们不了解自主神经系统失衡对身体产生的影响，那将难以看懂 NuCalm 的专业优势与价值。而要理解 NuCalm 在自主神经系统调控上的效果，则需要了解基本的脑电波，以及心率变异性（HRV）。

对于一个普通的使用者来说，本章可能比较枯燥乏味，理解起来也有一定的困难，那您可以选择直接略过，进入下一章的应用部分。如果您是一个爱钻研的使用者或者您是一名专业人士，那强烈建议您花点时间阅读本章。

（一）自主神经系统

自主神经系统（autonomic nervous system，ANS）是压力管理中的一个核心基础概念，也是了解压力管理方法的机理所必须要掌握的一个概念。自主神经系统由交感神经和副交感神经系统组成。二者相互制约，共同作用，控制体内各器官系统的平滑肌、心肌、腺体等组织的功能。如表 3-1 所示，交感神经与副交感神经共同调节血压、心跳、血糖、消化等。如交感神经使血压升高，心跳加快，炎症增加，血糖升高，警觉度提升，消化减弱；而副交感神经则使血压降低，心跳变缓，降低血糖，降低炎症，警觉度降低、消化增强。简言之，交感神经让我们的身体处于“战斗或逃跑”状态，而副交感神经则让我们的身体进入修复 / 消化模式。如果其中一方长期占据优势主导，而另一方被压制，则会导致自主神经系统失调。

表 3–1　交感优势与副交感优势

交感神经	副交感神经
血压升高	血压降低
心跳加快	心跳变慢
炎症增加	炎症降低
血糖升高	血糖降低
警觉度提升	警觉度降低
消化减弱	消化增强

（二）自主神经系统失调（植物神经紊乱）

在不同的人身上会有不同的表现，这也是临床诊断困难的原因之一。表 3-2 列出了常见的一些表现作为参考。

表 3–2　自主神经系统失调的常见表现

神经	头晕、晕眩、偏头痛、注意力难以集中、思考理解力下降等
情绪	抑郁、焦虑、恐慌、负面思考、易怒等
睡眠	入睡困难、浅眠、多梦、半夜容易醒来、醒后疲乏无力等
眼睛	眼睛干涩、疲劳、老花
耳鼻喉	慢性鼻炎、过敏性鼻炎、慢性咽喉炎、慢性咳嗽、咽干或异物感、耳鸣等
心脏	心悸、心慌、胸闷、呼吸困难
血压	高血压、直立性低血压
胃肠	打嗝、腹胀、胃胀、放屁、便秘、肠易激综合征等
泌尿	尿频、夜间起夜、前列腺肥大
肌肉	肩颈僵硬、腰酸、背痛、不宁腿综合征等
皮肤	慢性荨麻疹、湿疹、异位性皮肤炎等

续表

内分泌	月经失调、盗汗、多汗、手脚冰冷、脸部潮红
妇科	经前症候群、更年期提早、更年期症候群

为什么自主神经系统失调会导致如此多的症状？原因其实很简单：因为自主神经系统的两个分支交感神经和副交感神经所示，调控着人体的多个器官与系统。虽然同样是交感/副交感不平衡，但是在不同的人身上会有不同的表现。例如有的人表现为心悸心慌；有的表现为入睡困难，容易醒；有的则主要表现为胃肠道功能不好。

交感神经系统	**副交感神经系统**
功能： 保护身体免受攻击：战斗或逃跑；升高血压、血糖和体温 调节： 大脑、肌肉、甲状腺和肾上腺、胰岛素、皮质醇和甲状腺激素 相关情绪： 毅力、愤怒、攻击性、恐惧、内疚和悲伤	功能： 疗愈、再生、修复、滋养 激活消化、排泄和免疫功能 调节： 肝、肾、胰、脾、胃、小肠、结肠、甲状旁腺激素和胆汁、胰酶和消化酶 相关情绪： 知足、感恩、平静、放松

图 3–1　交感与副交感神经系统的功能

（三）增强副交感神经活性

身体依靠交感神经系统来防御和维持生存，当自主神经系统处于交感神经主导模式时，身体就会陷入“战斗或逃跑”

反应中，转移能量来保护自己免受威胁，无论是真实的威胁还是感知到的威胁。这种反应在面对紧急情况和健康威胁（如病原体入侵）时是很好的。

然而，在慢性压力下交感神经主导模式会一直持续，这种能量的转移剥夺了细胞、组织和器官的供应，最终会让您处于慢性疲劳状态，发生典型的慢性疲劳综合征。

而副交感神经系统致力于滋养、疗愈及重建身体。当它处于主导时，会增强免疫力、促进胃肠蠕动、改善消化功能，还可以降低心率和血压水平改善循环功能，同时改善和提高肝脏和胰腺的功能。还能增加内啡肽分泌，让您觉得更有幸福感。

只有当处于副交感神经主导的状态时，您才能得到充分的休息和恢复。维持健康的副交感神经状态对于修复身体和心理健康是至关重要的。副交感神经主导状态会让您更放松、更满足地活在当下，您可以更冷静和积极地面对日常生活中的挑战。

不幸的是，因为长期处于慢性压力下，现代人很多都处于交感神经优势。

当交感与副交感不平衡的时候，就会出现各种各样的症状。如果针对症状去干预，那很可能会忙乱而无效。而如果从根本入手，从恢复系统平衡切入，则可以一举多得，让多个症状在短时间内同时得到改善。

（四）定量评估自主神经系统功能

心率变异性（heart rate variability， HRV）反映自主神经

系统的调节功能，反映大脑对行为与外周生理的控制。较强的 HRV 表明心率变异范围较大，心血管系统有较强的应变能力。较弱的 HRV 则表明自主神经系统对变化环境缺少足够的应变能力，将增加相关疾病的患病风险。

目前 HRV 量化方法大致可以分为时域分析和频域分析。其中，常用的 HRV 时域分析指标主要包括以下两个：连续正常 RR 间期的标准差，反映影响 HRV 的所有因素的变化情况；相邻 RR 间期之差的均方根，反映逐次心跳的变异情况，主要用来评估副交感神经系统的活动。HRV 频域分析指标是将总的频谱功率（total power，TP）根据功率频谱密度（power spectral density，PSD）分离出低频（low frequency，LF，0.04 ~ 0.15 Hz）HRV 和高频（high frequency，HF，0.15 ~ 0.40 Hz）HRV。一般认为，LF-HRV 反映交感神经系统的活动，HF-HRV 反映副交感神经系统的活动。研究者用 LF/HF 比值来量化交感神经活动和副交感神经活动的变化。

理想的解决方案应该具备以下特点：①效果够快。对于自主神经失调的伙伴们来说，一定希望解决方案能够快速见效。因为自主神经失调虽然不致命，但是却非常不舒服，例如心悸心慌、入睡困难、头晕、焦虑、恐惧等。如果要一个月才发生改变，那有多少人能够坚持呢？因此理想的解决方案应该是一周或者更短的时间内让人感受到改变，看到希望，从而能够坚持；②容易操作。如果一个方法需要依赖于专业人士（如催眠治疗、认知行为治疗等），或者需要借助昂贵且操作复杂的设备，或者只能在有限的或者特定的场所使用，那即使有效果，对于有慢性疾病或者自主神经失调的人来说，效果也将大打折扣；③可以长期使用，日常保健用。因为导致自主神经失调的原因是时时存在的，因此最理想的是能够有一种方法可以维持自主神经系统处于平衡状态，就像汽车保养一样，而不是等到坏了之后大修。

三、神经声学与双耳节拍

1839 年德国科学家海因里希（Heinrich Wihelm Dove）首次发现了双耳节拍和它的作用，并在科学杂志《物理学汇编》发表了一篇相关研究论文。然而，科学界却忽视了他的发现。

1973 年杰拉尔德（Gerald Oster）在《科学美国人》杂志上发表了一篇题为《大脑中的听觉节拍》的文章，这篇文章没有再被忽视。文章囊括了海因里希之后一个多世纪的所有关于双耳节拍的研究结果，并肯定了双耳节拍的价值。杰拉尔德发表了自己对双耳节拍原理的见解，还有它在认知和神经领域的应用潜力，并把它作为医疗诊断和治疗的工具。

在杰拉尔德的论文发表后，广播员罗伯特（Robert Monroe），物理学家托马斯（Thomas Campbell）和电气工程师丹尼斯（Dennis Mennerich）开始研究双耳节拍对意识、大脑状态包括体外感受改变的潜在影响。Monroe 和他的同事很快发现，双耳节拍确实促进了意识状态的改变和脑电图的相应变化。

作为这项研究的一部分，罗伯特用脑电图仪对受试者进行了数千次的脑电波检测。这些实验表明，双耳节拍可以影响脑波频率。此外，罗伯特发现大脑的反应不仅仅在听觉区域或在大脑左右半球，而是整个大脑都会产生共鸣，两个半球的脑波显示出相同的频率。为了进一步开展这项工作，他建立了 Monroe 研究所，一个非营利的双耳节拍研究和教育中心。Monroe 主要负责双耳节拍和神经声学的产业化发展。

双耳节拍主要作用于大脑的上橄榄核区域。上橄榄核是听觉系统感应通路的重要部分，起到听觉处理的主要作用。双耳节拍是由给到每侧耳朵不同的声音频率的相互作用而产生的。研究表明要有效地产生双耳节拍，必须保证音频在 1 000 Hz 以下，同时每秒的音频差异在 1 ~ 30 Hz 之间。

这些节拍对脑波的影响取决于两个音调之间频率的差异。比如，如果在右耳呈现 300 Hz 的纯音的同时，在左耳也呈现 305 Hz 的纯音，那么当这两种声音交织在一起的时候，上橄榄核内就有 5 Hz 的调幅驻波。

这个 5 Hz 的声音不能被听者觉察，因为人类只能听到 20 ~ 20 000 Hz 之间的频率。但是大脑却能感知这个频率，并视其为听觉节拍。这些节拍可以携带特定的神经节律，调节脑电波频率。

双耳节拍通过依靠超出听觉感知范围的声音频率来影响大脑和自主神经系统，这种影响效应可以称为“频率跟随反应”或“脑波夹带”（brain wave entrainment）。

当双耳节拍被大脑感知时，它们会在大脑内产生一个刺激。随着双耳节拍的频率不断地被大脑感知，发生的诱导效应会让脑电波随着双耳节拍的频率共振。大脑开始共振，脑波也会快速进入 5 Hz 波段，这个波段是有深度再生和恢复性睡眠效果的 θ 波段。如果节拍频率继续改变，那么大脑频率也会在诱导效应下随之变化。

脑电波分类

下面列出了最常见的脑波、脑电图频率和相关的生理心理状态：

高 β（23~38 Hz）——恐惧和焦虑

β（13~30 Hz）——日常的清醒

α（8~12 Hz）——放松、冥想、懒散

θ（4~7 Hz）——睡眠、疗愈、失去时间和空间感

δ（0.5~3 Hz）——深度、无梦的睡眠

α ~ θ 波的交叉转换发生在睡前状态，在这个波段内，身体进入深度放松状态，人体可以进行有效的修复和恢复。

规律使用 NuCalm 系统可以训练大脑轻松地、可预测地进入 α ~ θ 波交叉的深度修复的放松状态，从而促进身体疗愈，提高抗压能力。

图 3–2 常见脑电波

（一）双耳节拍的作用与应用

许多研究人员已经证实了脑波夹带效应。研究表明，使用双耳节拍产生的脑波夹带效应会激活不同的脑区，继而促进大脑左右半球同步。使用双耳节拍还可以改善认知和优化大脑功能，有效地提高专注力、记忆力、创造力、以及改善情绪。下面列出了双耳节拍近些年发表的一些研究以及相关的成果。

1. 双耳节拍与酒瘾

1989 年在《酒精临床试验研究》上发表了一项关于双耳节拍在酗酒干预中的作用的研究。这个研究为期 13 个月，一个组是实验组（15 个 30 分钟的 α / θ 训练），一个组作为对照组。结果发现，13 个月之后实验组的复发率仅为 20%，而

对照组复发率是80%，说明双耳节拍可以显著降低复发。同时还发现，实验组酗酒者的抑郁症状在训练后改善了三分之二，而对照组基本上没有什么改善。也就是说，双耳节拍在预防酒瘾复发和改善抑郁方面有显著作用。

2. 双耳节拍与激素调节

美国抗衰老医学委员会前主席文森特·格门帕帕（Vincent Giampapa）博士测试了双耳节拍对激素的影响。研究表明，双耳节拍可以提高褪黑素和DHEA的水平，从而降低皮质醇的水平。

皮质醇是人体感受到压力时肾上腺产生的压力激素。当人处于慢性压力或者恐惧焦虑状态时，皮质醇会持续保持在高水平。文森特博士发现双耳节拍可以有效降低皮质醇水平，降幅高达46%，因此双耳节拍可以帮助人体放松，减少压力应答，降低焦虑。2001年发表在《替代疗法健康与医学》上的一篇研究发现：每周至少使用5次双耳节拍，持续4周，可显著降低焦虑。

DHEA（脱氢表雄酮）是人体合成其他激素的原料，如雄激素、雌激素。双耳节拍可以增加DHEA的合成高达43%，从而提高相关激素的合成。对于肾上腺疲劳的人，有慢性炎症的人，或者长期处于压力状态下的人，DHEA的水平偏低，通常会使用膳食补充剂来进行改善。而文森特博士的研究表明双耳节拍可以在不使用膳食补充剂的情况下，提升DHEA水平。

褪黑素与睡眠密切相关。褪黑素不足会导致入睡困难。对于这部分群体来说，往往会选择补充褪黑素。文森特博士发现双耳节拍可有效提升褪黑素的水平，幅度高达98%。因此对于吃褪黑素有效的人来说，不妨试一下双耳节拍，可能同样有效果。对于不想吃褪黑素或者吃褪黑素无效的人来说，则可以试一下双耳节拍是否会有效果。

3. 双耳节拍与疼痛管理

2019 年在《心理研究》上发表的研究发现双耳节拍在提高认知、减少对疼痛的感知方面有着非常棒的效果。因此，对于有慢性疼痛方面问题的人来说，可以考虑使用双耳节拍而非止痛药来管理疼痛。

4. 双耳节拍与神经递质

神经递质直接决定着人的认知、情绪与行为。其中 GABA、血清素、多巴胺等是非常重要的神经递质。前面提到的 3 种脑电波都有释放神经递质的作用。

β 波（12 ~ 30 Hz）：β 波会激活产生多巴胺的神经元，提升多巴胺水平，增强专注力。自闭症儿童往往专注力不足，经常被称为“脱节孩子”，而有的研究发现自闭症儿童 β 波不足，因此使用如 20 Hz 的双耳节拍可以帮助自闭症儿童提升专注力。

α 波（8 ~ 12 Hz）：α 波会促进乙酰胆碱的合成。乙酰胆碱有助于学习、记忆和神经可塑性。研究发现有纤维肌痛和其他类型的慢性疼痛的人可能存在 α 波缺乏的问题。因此使用如 10 Hz 的双耳节拍可以提升记忆力，减少焦虑，缓解疼痛。

θ 波（4 ~ 7 Hz）：θ 波与意识和超级学习状态的增强相关。θ 波产生 GABA，GABA 是一种神经递质，可控制人体的电节律并产生镇定作用。GABA 具有抑制作用，对于下调兴奋性输入非常重要，使其成为一种调节频率，可以帮助大脑的其他部分发挥最佳作用。

（二）双耳节拍的弱点

制作双耳节拍的音频并不困难，只要合成两个频率有差异的正弦波即可。市面上有不少双耳节拍产品，价格差异很大。原因在于其效果有显著不同。多数双耳节拍开始效果明显，但是在使用几次之后效果就会大大降低。之所以会这样，是因为大脑中有一个网状激活系统（reticular activating system，RAS），专门负责识别和消除一些外源性信号，导致大脑对双耳节拍产生耐受。

（三）NuCalm 的特别之处

NuCalm 的设计者霍洛威博士并没有采用常规的神经声学软件设计和双耳节拍技术，而是采用了非线性震荡算法，大大增加了复杂性。同样的一个 30 分钟的双耳节拍软件，通常是 5 ~ 6 个 Mbit 大小。而 NuCalm 则超过了 700 MB。这在一定程度上说明了 NuCalm 的复杂性。也正因为它复杂，大脑的 RAS 系统无法识别并消除信号，因此 NuCalm 不会像一般的双耳节拍一样在使用几次后就失效。

四、GABA与神经递质

氨基酸是生命的基础物质，用以合成神经递质、生化信使，将信息在大脑和身体间传递。当神经递质不平衡或不足时会导致广泛的生理和心理问题，如焦虑、抑郁、失眠和疼痛等问题。

临床常用的治疗抑郁、焦虑、失眠等问题的药物如选择性5-羟色胺再摄取抑制剂SSRIs、选择性去甲肾上腺素抑制剂SNRIs和苯二氮卓类药物（焦虑失眠），都是通过靶向调节神经递质受体起作用的。虽然这些药物在改善症状方面对部分人群有效，但是副作用也非常明确，因为长期使用，会导致内源性神经递质的进一步降低或者不平衡。从另一个角度来说，如果能恢复人体的神经递质平衡，自然更安全、更有效，而这就是氨基酸疗法的原理和作用。氨基酸疗法用于治疗成瘾、焦虑、抑郁和创伤后应激障碍已经有几十年的历史。但是一直没有得到临床医生们足够的重视。

NuCalm系统中很核心的一个组成部分就是GABA和神经递质的补充。从最初的NuCalm系统到现在的NuCalm版本，在补充GABA和神经递质的途经上已经经历了3次技术改进。

（一）GABA与疾病

GABA是大脑中一种重要的抑制性神经递质。GABA有神经保护作用，因为它可以阻止脑损伤。研究发现，GABA作为药物或者膳食补充剂可以改善神经退行性疾病、失眠、抑郁、记忆减退、记忆丧失、神经应答反应不良，或者是认知障碍。

例如，在焦虑、抑郁、帕金森、癫痫、ADHD 患者中，GABA 的水平明显低于正常组。

2019 年 7 月份在《分子》杂志发表了一篇综述文章"An Updated Review on Pharmaceutical Properties of Gamma-Aminobutyric Acid."，里面详细地阐述了 GABA 的多种生理作用以及在慢性疾病发生中的参与机制。GABA 不足与很多常见疾病的发生有关。GABA 可以抑制高胆固醇血症、对于高血糖、胰岛素抵抗、β 细胞死亡，体重增加，还有磷脂合成，以及对胰岛的破坏都有一定的抑制作用。GABA 还能增加谷胱甘肽合成，增强过氧化物歧化酶的作用，提升人体的抗氧化能力，减少自由基对人体的伤害。

GABA 对于一些炎症因子有着直接的抑制作用，因此它可以促进伤口愈合。而对于像 NF-KB、MCP-1、ROS、iNOS，还有诱导性的 NOS 的表达也有一定的抑制作用。GABA 还可以抑制组胺的释放，抑制 IGE，抑制白介素 4 和一些干扰素的产生，因此对于过敏和一些皮肤炎症有抑制作用。

在保护肝脏和肾脏方面 GABA 可以通过促进过氧化物歧化酶的作用而起到保护作用。

GABA 水平低的相关症状与疾病。

●总是很紧张，难以放松下来

●易激惹、容易烦躁发火

●易困惑，容易钻牛角尖

●晚上思绪万千，难以入睡

●对亮光、化学品、噪音很敏感

●身体僵硬，肌肉僵硬疼痛

●心悸心慌，呼吸短促

●纤维肌痛

●肠易激综合征

●焦虑或者恐慌等

当一个人出现上面所列的多个症状时，多数人往往会不知道该从何入手，但也许原因很简单，因为所有症状有可能都是 GABA 不足引起的。

刚才提到的 2019 年 7 月的综述文章已经很好地阐述了 GABA 的多种重要生理功能。下面看一下 GABA 与神经系统功能相关疾病的关系。

2016 年 9 月发表在人类脑图谱杂志上的一篇综述文章中提到精神障碍疾病患者如精神分裂症、自闭症、抑郁症，普遍存在脑 GABA 不足的问题。而对于更常见的焦虑、失眠等问题也与 GABA 有关。

苯二氮䓬类药物是一类中枢神经抑制剂，以其核心化学结构命名。苯二氮䓬类药物可用于治疗焦虑、失眠症、肌肉痉挛、酒精戒断和癫痫。此类药物作用于 GABA-A 受体复合物（复合物包含 GABA 受体，苯二氮䓬类药物受体和一个与 GABA 受体偶联的氯离子通道），在药物与苯二氮䓬类药物受体结合后会诱导 GABA 受体偶联的氯离子通道加强开放，这样会增加氯离子流入细胞内的数量，产生超极化而抑制突触后电位，减少神经元放电，引起中枢抑制，从而起到缓解焦虑，改善睡眠的作用。

目前常用的苯二氮䓬类药物包括阿普唑仑（赞安诺）、艾司唑仑（舒乐安定）、咪达唑仑、氟胺安定、氯羟去甲安定（安定文）、三唑仑（酣乐欣）、氯氮卓（利眠宁）、氯拉卓酸（氯氮仑）、硝西泮、地西泮（安定）、夸西泮、奥沙西泮（舒宁）、替马西泮（甲羟安定）等。

（二）GABA 的合成与降低

人体可以自己合成 GABA，那是什么原因导致 GABA 水平下降了呢？经过研究发现主要原因有两个方面：①合成不足；②消耗增加。

GABA 的合成受到多种因素的影响。其中最常见的就是微量元素（锌、镁、维生素 B_6 等）不足和 GAD- 谷氨酸脱羧酶（负责谷氨酸转化为 GABA）的活性下降。

微量元素不足与摄入不足（如不良饮食习惯）、消耗过多（如压力、炎症都会导致这些微量元素的消耗增加）、肠道问题（导致吸收不良）、胃酸分泌不足（导致食物来源的原料不足）等有关。

而 GAD 活性下降与 GAD 抗体产生有关。例如自身免疫性疾病的人体内可能会产生高水平的 GAD 抗体，抗体与酶结合后，就会抑制 GAD 的酶活性，影响从谷氨酸到 GABA 的转化。这种情况下出现的症状往往与 GABA 低和谷氨酸高，二者的比例失衡有关。

如何确定 GABA 缺乏？

说实话比较困难。因为外周检测无法反应脑内 GABA 的水平，也难以评估 GABA 与其受体结合实际情况。目前常用的方法主要是：①症状评估。根据前面描述的 GABA 缺乏时常见的一些症状推断是否有 GABA 不足的问题。②通过尿液有机酸来间接判断 GABA 的合成不足。例如尿液有机酸中焦磷酸的水平如果低于正常范围，说明维生素 B6 可能不足，因为维生素 B6 是 GABA 合成中必不可少的微量元素，因此 B6 的不足会导致 GABA 的合成不足。

其实我们的目标是恢复健康，GABA 又是一种可以从食物、膳食补充剂中获得的非药物成分。因此如果您有相关症状，并非一定要花钱检测，可以通过直接补充来看症状是否有改善的方法来确认是否有 GABA 不足的问题。

（三）如何有效提升 GABA？

最好的办法当然是提升人体合成 GABA 的能力。2018 年 9 月的一项研究发现生酮饮食可以有效增加 GABA 的合成，促进谷氨酸的代谢，改变 GABA 和谷氨酸的比例，改善精神分裂的相关症状。而之前提到的因为微量元素缺乏的问题导致的 GABA 合成不足，则可以通过膳食补充剂有效补充，这也是为什么维生素 B_6 和镁合用，可以帮助身体放松。

也可以直接补充 GABA。但是如何补充需要注意一下。虽然市面上有口服的 GABA 补充剂，但是有研究指出，将 GABA 直接注射到大脑中可以终止癫痫发作，但口服与静脉注射无效，是因为 GABA 作为一种极性较大带电的小分子化合物，很难通过血脑屏障，进入到脑部发挥作用。NuCalm 的发明人霍洛威博士设计的第一代 NuCalm 系统使用的是含有 GABA 的特殊配方的咀嚼片，为了提高效率，第二代 NuCalm 系统采用了含有 GABA 的特殊配方制作的膏剂结合颅电刺激疗法（CES）的方法。

1902 年末，法国的研究人员进行了第一次低强度电刺激大脑的实验。在那时这种治疗方法被称为电催眠，因为它能够诱导睡眠和深度宁静状态。然而直到 20 世纪 40 年代末到 50 年代，苏联的研究人员才开发出现在被称为 CES 的脑电治疗仪。

这种非侵入性治疗，使用低强度的脉冲波电流在特定部位刺激大脑和脑干。电流本身是非常弱的，接受 CES 治疗的人通常没有任何感觉。操作也很容易，通过在耳垂下方的颈部放置电极贴片就可以提供治疗电流。NuCalm 系统应用的电流是万分之一安培，这大致和细胞自己的电流值相同。

CES 是由美国 FDA 批准用于治疗焦虑、抑郁和失眠的治疗技术。研究还表明 CES 增强了专注力，对成瘾、外伤性脑损伤、疼痛、注意力缺失和多动障碍（ADHD）、PTSD 和帕金森的治疗有益处。

过去 60 多年的研究表明，少量的 CES 电流刺激丘脑区域会促进神经递质的释放。同时通过神经递质代谢产物的增加，还证明它可以改善神经递质的代谢。

其他的研究指出，通过重建理想的神经递质水平，能使大脑的神经化学反应趋向正常。这是因为弱电流与细胞膜相互作用，改变了神经化学的中转路径，它与大脑传统的第二信息通路相关。大脑细胞与神经元之间通过各种复杂的方式进行信息交换，包括第二信息通路和更广为人知的利用神经递质和受体位点的突触感应。

霍洛威博士的研究发现至关重要的一点是CES可以打开脑中的GABA受体。单独补充GABA的效果是不可预测的，因为有些患者的受体位点不是开放的，细胞无法吸收GABA。但是当CES与GABA补充剂同时使用时，每次都会出现可预测的积极反应。

NuCalm结合了化学和电子信号的方法，让它既能快速又可靠的管理大脑杏仁核，又能管理HPA轴，这是NuCalm的特色之一。

将CES与NuCalm膳食补充剂相结合，能引导大脑进入深度放松状态，还会减少焦虑。脑电图（EEG）定量分析显示脑波活动从高警觉性的β波降低到深度的放松和冥想α-θ波。

但是CES使用起来并不是很方便，需要三个步骤。而且安装了心脏起搏器和做过大脑电极植入手术的人不能使用CES。

因此第三代也就是目前在使用的NuCalm系统采用了生物能量贴片来增强GABA神经元的作用。

NuCalm的发明人霍洛威博士曾经认真研究过中医，尤其是针灸、穴位和经络学说。NuCalm贴片的设计就是中西医结合的一个成果。每个NuCalm贴片都带有特定频率，当放置在左手腕内关穴时，通过刺激特定的穴位而激活心包中的副交感神经纤维，并将信号传递给大脑。其中含有的GABA及其前体频率可以影响 GABA 系统，让身体放松下来。而专业版的贴片中还带有迷走神经的频率，可直接影响 HPA 轴及下丘脑 - 交感神经通路，从而让身体从交感支配进入副交感支配，并恢复 GABA 的生理功能。

作为 NuCalm 三合一系统中的重要组成部分，贴片单独可以起作用，更可以与其他组分协同作用，促进 NuCalm 的效果。

五、NuCalm 系统

霍洛威博士最初的研究促进了 NuCalm 的推广。其哈佛学院的研究同事使用美国航天局开发的高级单导 ECG（心电图）和 HRV（心率变异性）诊断分析设备，对 NuCalm 进行了独立测试。测试结果再一次支持和验证了 NuCalm 的效果。

一些世界顶尖的科学家、学者和临床医生目前正在使用最新的神经科学设备、诊断工具和数学模型来验证 NuCalm。研究人员分析了 α - θ 交叉、心电图、HRV、脉搏、神经递质、脑电图和皮肤电反应（与测谎仪的技术相同）等内容。

当 α 和 θ 波交叉的时候，人进入催眠状态，失去时间和空间感。通常情况下，每一个做 NuCalm 的人都会达到这种状态，一般是在 15 ~ 20 分钟之内达到。

彭仲康博士是哈佛大学医学非线性动力学研究所的联合主任，也是最杰出的统计生物物理学家。彭博士利用单导 ECG 设备精确捕捉敏感的心脏信号，并使用非线性心率变异性分析软件 Kubios HRV 2.2 进行数据分析。结果发现：研究对象在 NuCalm 体验期间，心率和呼吸频率快速下降，同时副交感神经活性增强。这些生理改变与深度冥想时的一致，证明了 Nucalm 可以快速地、可预测地诱导人的大脑进入冥想态。

另外两项重要的研究需要在这里分享一下。

一是珍妮博士领导的 IV 期癌症患者的研究。珍妮博士每三个月为这些患者进行 17 ～ 21 天的治疗，并在每次 NuCalm 治疗前后定量测定患者自主神经系统的改变。

二是针对职业运动员的研究。职业运动员是一个特殊群体，他们是最需要自主神经系统保持平衡的人。

尽管这两个群体的整体健康状况存在巨大差异，但基线评估显示这两组受试者都处于交感神经系统支配的状态，这意味着神经系统被锁定在“战斗或逃跑”模式，他们得不到充足的恢复性睡眠和深度修复。因此，您的细胞没有机会完全修复并维持健康的状态，也就是说，您的身体没有得到所需的再生修复。我们的研究表明 NuCalm 能够快速的关闭“战斗或逃跑”模式，效果非常好而且很稳定。假如 NuCalm 做不到这些，专利局也不会将世界第一个平衡和维护自主神经系统健康的专利授予 NuCalm。

不管测试对象是谁，也不管他们在生活中经历过什么，Nucalm 的研究数据都验证了该项专利列明的功能。在每一种情况下 NuCalm 都能快速地、可预测地、可靠地让使用者进入副交感神经系统活跃状态。

通常情况下，在启动 NuCalm 后 1 ～ 5 分钟，受试者的脑波会迅速下降到副交感神经系统优势，并在 15 ～ 20 分钟内达到冥想态。HRV 检测中的“总频谱功率”和“交感神经 / 副交感神经比率（LF/HF 比）”的数据变化与受试者脑波变化相符。

交感与副交感神经的平衡对职业运动员来说非常重要，因为他们需要更好的交感神经功能和更高的皮质醇分泌能力，这样才能在比赛中保持更强的竞争力。然而，就像癌症患者一样，运动员也需要副交感神经系统优势来提升肌肉再生修复和保持优质睡眠。

在 NuCalm 测试中，运动员和癌症患者在每个 5 分钟内以及在整个测试过程中，都保持着低频高频比（LF/HF）的下降，展现了理想的治疗效果。但受试者如在 NuCalm 治疗过程中睡着，会有一个反常的小幅度交感神经活动峰值出现，这是维持正常心跳所必需的。

在两个测试人群中，还有一个重要发现：许多受试者在使用 NuCalm 过程中达到了“冥想共振峰”。这通常是冥想累积超过 1 万小时的高阶冥想者到达的状态。当达到这样的峰值时，受试者的脑波会进入 α-θ 波交叉，并能保持深度 θ 波。身体将很好的疗愈，同时血氧量也达到最大。

大多数人即使经过多年的练习，也无法达到这种深度的冥想。只有每天 2 小时并坚持超过 13 年的冥想训练，才有可能达到这种程度的效果。只有这样长期的练习，才有可能达到最佳的腹式呼吸效果，将富含氧气的红细胞泵发向全身，同时激活副交感神经系统进入深度放松和再生修复状态。而在 NuCalm 测试中，每一次都能看到深度放松和再生修复效果。然而，使用 NuCalm 和冥想有根本的区别。冥想试图让您的思想放空，而 NuCalm 则可以让您在大脑仍活跃的状态下修复身体。因此 NuCalm 能带给您和修行者深度冥想一样的健康好处。

数据表明，使用 NuCalm 可以给细胞带来充分的氧气，净化细胞，实现细胞的自我平衡。NuCalm 采用神经生理学、生物化学和物理学的方法让深层细胞获得自主神经系统平衡，还可以带来与深度冥想一样的放松和修复效果。

更加重要的是，反复使用 NuCalm 产生的积极效果是可累积的。使用得越多，放松程度越高，放松速度越快。这个可以从总功率谱和 LF/HF 比的下降速度观察到。

通过分析，我们发现了 NuCalm 的另一个特点：无论您是处于什么状态，NuCalm 都会有效。无论是专业运动员，长途飞行员，或是患有 PTSD、抑郁、焦虑、成瘾、IV 期癌症或其他任何类型疾病的人，都会通过 NuCalm 受益。

NuCalm 结合了生物化学、物理学和神经生理学的相关知识，能迅速抑制压力反应，快速诱导副交感神经系统优势状态，让身体放松、修复、恢复活力。

根据研究数据，NuCalm 的主要作用体现在：

NuCalm 让自主神经 “松开油门”，马上进入深度放松。它能降低高皮质醇、高肾上腺素的交感支配状态。它能激活脑 - 心 - 肺连接达到最佳的腹式呼吸效果，让红细胞携带更多氧气，带来最佳的身体修复效果。

NuCalm 能最大限度地减少剧烈运动后乳酸堆积和炎症的负面影响，让身体深度放松，提高身体再生修复速度和效果。

NuCalm 通过神经生理学和生物化学的方法来改善睡眠质量和调节昼夜节律。对于经常飞过多个时区去参加比赛的运动员，NuCalm 可以调控身体的昼夜节律并轻松的消除时差，让运动员获得最佳的赛场表现。

NuCalm 除了使人获得生理益处外，还提升了人们的情绪和工作效率。它通过增加大脑的血液供应来解决日常挑战和走出负面情绪。这意味着经常使用 NuCalm 的人不必在负面情绪和烦琐的日常事务上花费更多精力，他们会变得更冷静，更抗压，更专注，能更高效的达成预设目标。

六、NuCalm 体验感受因人而异

使用 NuCalm 类似于为大脑做按摩。人们在每次做完身体按摩后感受和效果都不一样，有的人感觉不再那么疲惫，而有的人则感觉体力充沛，Nucalm 使用后的效果也是因人而异。NuCalm 每次的使用时长可以是 20 分钟，也可以是 50 分钟。

大多数人在开始的 3 ~ 5 分钟后进入更深的放松水平。他们的脑波从 β 波状态（13 ~ 30 Hz）下降到 α 波状态（8 ~ 12 Hz），然后在 α 和 θ 波（4 ~ 12 Hz）间循环。这时，他们的呼吸变慢，身体开始感到有点沉重，出现类似于睡觉的感觉。事实上很多人也会在治疗过程中睡着，这提示身体需要恢复性休息。手或脚也可能出现刺痛感，这是因为血液流向重要器官进行消化和修复。

常见的生理变化包括头部和颈部肌肉张力降低，下颌松弛并略微张开。当受到压力时，我们经常会无意识地咬紧牙关，产生一种可以辐射到身体其他部位的张力。这种下颌松弛是由于脑电波发生变化，也是由于富氧红细胞数量增加所致。

在使用 NuCalm 过程中，可能出现的生理现象包括由于神经肌肉张力被释放而导致的手指或脚趾抽搐，以及下颌、颈部和头部肌肉完全放松时脸上的重力牵引感。在某些情况下，

尤其是处于交感神经系统优势的人，心跳和呼吸节奏可能会暂时增加。这种感觉通常是转瞬即逝的。它们是交感神经系统在抵抗副交感神经活动增加时释放的信号。

出现这些感觉不必惊慌，随着时间的推移，它们会自然消失。

虽然体验过程中可能会睡着，但是也可能会出现经验丰富的长期冥想者经常体验到的忘我境界。大脑在 α 和 θ 波的范围循环时可以为难题找到不可思议的解决方案，或者为生活中的挑战找到新的解决方法。还有人报告了类似“清晰的梦”和其他相关精神状态的生动体验。

NuCalm 在减缓压力和解放思想方面是非常棒的。当摆脱了忧虑、焦虑、恐惧、时间桎梏、欲望、自我怀疑等带来的压力，大脑就能去它想去的地方。

每个人对 NuCalm 的体验都不尽相同，这取决于您在当前的压力水平、身体紧张程度、营养和其他因素。

对于难以入睡或高度焦虑的人来说，他们需要更长的时间才能体验到大脑的放松。与通常的 3 ~ 5 分钟不同，可能需要 10 分钟或更长时间。如果发生这个情况需坚持使用，直到深度放松状态稳定下来。对于一个很难放松和放手的人来说，第二次体验可能比第一次体验更让他印象深刻。这是合乎逻辑的，因为第二次体验时不再有好奇心、焦虑感和对结果过分的期望。

一般来说，人们越焦虑或压力越大，NuCalm 体验就越深刻。请记住，每次的 NuCalm 体验都会把脑波带到 4 ~ 12 Hz 范围。如果一个人很焦虑或压力过大，他的脑波通常接近 30 Hz，这是令人焦虑不安的 β 状态。因此，与脑波在 15 ~ 18 Hz 之间的正常 β 状态的人相比，高 β 的人会体验到更快速、更深刻的放松效果。

另一个常见的现象是失去时间感。许多人以为自己只体验了 20 ~ 30 分钟，结束发现 60 ~ 90 分钟过去了。这是正常的，尤其是当他们碰巧睡着了的时候。

如果在医生或牙医的帮助下体验 NuCalm，治疗结束时，他们通常会给您一个提示，比如轻拍您的肩膀。

在家使用的用户通常会问，“我怎么才能知道治疗什么时候结束？”根据我们的经验，答案很简单，您的身体会告诉您。当治疗快要结束时，您的身体会发出治疗即将结束的信号。例如，您突然发现自己在呼吸，有想睁开眼睛的冲动，就像您早上醒来或小睡醒来一样。相信它并用心去感受，您会知道什么时候该结束的。

NuCalm

第四章

NuCalm 的临床应用

NuCalm
压力管理系统

第四章

NuCalm 的临床应用

在远古时代，“战斗或逃跑”反应在帮助我们的祖先面对危险时发挥了至关重要的作用，如受到动物攻击、地震、洪水、火山爆发等。今天，我们很少会面对这种身体上的危险，就算有，也是短暂的。

有趣的是，身体危险并不是触发“战斗或逃跑”反应的唯一条件，您的情绪也可以触发它。简单来说，如果您总是情绪消极，身体的感受跟受到威胁是一样的。虽然由身体威胁引起肾上腺素激增的情况极少发生，但其他方面引起“战斗或逃跑”反应却经常发生，而且持续时间很长，这导致了慢性的应激荷尔蒙升高。

慢性应激荷尔蒙升高会使免疫功能长期被抑制，又增加了对传染疾病的易感性。此外，由于慢性压力会对内脏器官产生负面影响，许多身体功能也会受到抑制，使消化功能受损，肌张力增高，最终导致细胞和组织功能下降。

现在您可以理解压力是一个主要的危险因素，不仅对心脏病和癌症，也对胃肠疾病、皮肤问题、神经和情绪障碍，以及一系列与免疫功能障碍有关的疾病有影响？包括普通感冒、关节炎、疱疹，甚至艾滋病。此外，中年时的慢性压力甚至会触发几十年后的阿尔茨海默病。

睡眠障碍是另一个与压力相关的问题。为了拥有健康的睡眠，维持正常的荷尔蒙分泌周期，尤其是皮质醇的分泌周期，必须先管理好睡眠。健康人的皮质醇水平是在早上 6 ~ 8 点最高，而在晚上最低。当您睡着的时候，皮质醇会保持在较低水平，让身体释放帮助睡眠的荷尔蒙，如褪黑素、血清素，让您进入宁静的睡眠。

压力会刺激皮质醇的分泌。当感觉到压力时，即使在晚上，皮质醇也会保持在高水平，影响睡眠。随着时间的推移，皮质醇的周期开始紊乱，甚至会昼夜颠倒，变成晚上飙升，早上回落，这会导致疲惫感。失眠和间断性失眠都与夜间皮质醇和其他应激荷尔蒙（包括肾上腺素）升高相关。

此外，压力会影响睡眠的时长和质量，细胞只在睡眠时进行排毒和自我修复。长期缺乏睡眠会损害细胞的健康，增加患病的风险。

压力也是焦虑和抑郁的重要因素，因为压力会影响大脑和神经系统。根据美国国家精神卫生研究所的数据，焦虑是美国最常见的一种疾病，影响到 18 岁以上的大约 4 000 万美国人（占成人人口的 18%）。另外，据估计，至少有 17% 的美国人在某些时候会患上严重的抑郁症。还有近一半患抑郁症的美国人同时也患有焦虑症。

基于这些数据，抗抑郁药和抗焦虑药在美国药物销售榜上名列前茅就不足为奇了。鉴于抗抑郁药物的使用稳步增长，越来越多的专家警告说，我们可能会对此类药物上瘾，并且所有这些药物都有严重的副作用风险。

思考一下，美国人在压力相关问题的药物支出是多少?如果他们能通过更自然的方式管理压力，节省一部分开支，是不是很可观?

同样，美国的经济能否通过减少与压力有关的问题而得到改善？下列统计数据显示，美国劳动力深受压力的影响：

●平均每天有 100 万美国雇员因压力问题无法工作，雇主每年为每位雇员支付费用 602 美元。

●多达 80% 的工业事故是由压力引起的。

●约 60% 的工人报告说，由于压力，他们的生产率下降了。

●所有初诊患者中，高达 90% 主诉与压力相关。

通过减少压力来提升大脑功能，所有的这些惊人的数字都可以显著减少。

基于上述数据，很明显，有效地管理压力是确保健康的最重要的步骤之一。而 NuCalm 是一个最强有力的手段。

NuCalm 作为一种天然的抗焦虑技术，可以通过非药物的方法快速减压、镇静放松、改善睡眠、提升副交感，恢复自主神经系统平衡，增强免疫力，促进消化，因此从理论上来说 NuCalm 既是疾病预防的有效工具，而且还可以应用到包括癌症、各种慢性疾病以及心智疾病的管理和预防上。

本章将通过具体的疾病来帮助您更好的理解 NuCalm 的作用机理，以及 NuCalm 在管理与预防过程中能起到的作用与优势。

一、创伤后应激障碍

PTSD 是 post traumatic stress disorder 的缩写，意思是创伤后应激障碍。

根据美国统计数据显示：大约 70% 的成年人经历过某种形式的创伤，其中约 20% 会发展为创伤后应激障碍。

这里的创伤是指什么？到底有多普遍？后果有多严重？让我们来看几个例子。

（1）地震：汶川地震后，受灾中心区域居民的 PTSD 发病率在 70% 以上。参加救援的志愿者在地震 19 个月后的调查中，仍有 54.6% 的人有明显的 PTSD 症状。

（2）车祸：经历过车祸的人，甚至只是旁观者，都有可能发生 PTSD。在车祸发生后数月甚至数年后，依然无法克服对于开车或者坐车的恐惧，仍然会经常在噩梦中惊醒。

（3）家暴：据中国妇联的一项调查表明，在全国 2.7 亿个家庭中，有 0.81 亿个家庭存在不同程度的家庭暴力，约占全国家庭总数的 30%，且施暴者有 90% 的是男性。经历过家暴的女性有多少会患上 PTSD ？在这些家庭中长大的孩子又有多少会患上 PTSD ？

（4）校园霸凌：根据世界卫生组织一项针对 40 个欧洲国家学生的调查，有 26% 的人表示自己在过去两个月中曾参与霸凌行为。少数被霸凌者可能会走上自杀的道路，但多数则是硬生生地挺过了最艰难的时期，但是这个创伤到底有多深，是否之后真的能拥有所谓正常的生活，对于每个人来说都是未知数。

（5）军人刑警等特殊群体：因为工作需要，拥有了特殊的经历。激烈的冲突，血腥的场面可能在多年后依然无法摆脱。

（6）其他如火灾、飞机失事、亲人突然离世、突然得知自己得了癌症、被强奸等突发的创伤性事件也会大大增加 PTSD 发生的风险。

PTSD 在中国的普及教育和公众认知都远远不够，即使到了医院，也很少会被诊断为 PTSD，而是当作其他疾病来治疗（例如睡眠障碍，焦虑症等）。

（一）临床诊断

PTSD 过去属于焦虑障碍的一种，但第五版《精神障碍诊断与统计手册》（DSM-5）把 PTSD 归类为创伤和压力相关疾病。PTSD 需要具备下面的一些特点，才能被正式诊断。

● PTSD 发生于一件或多件创伤性事件之后，如人为蓄意的暴力事件、严重的交通事故、自然灾害或军事行动等。

● PTSD 通常在创伤事件发生 3 个月后出现，但也可能在事发后数月至数年间延迟发作。

● PTSD 通常有四组核心症状：①侵入性症状（如闪回、侵入性画面或痛苦记忆、噩梦）；②回避症状（如回避与创伤性事件相似或有关的人物、场景或环境）；③心境和认知的负面改变（如感觉到与他人疏远、情感受限、对重要活动兴趣的减少、对自己或世界有歪曲的负面认知，以及无法记

住创伤事件的某些重要特征）；④觉醒或反应改变（如面对威胁过度警觉、过度的惊跳反应、易激惹、注意力不集中及睡眠障碍）

症状持续1个月以上。

通过上面的描述我们可以看到PTSD发生的一个必要条件是创伤性事件。而创伤性事件可能是急性突发性事件（如车祸、亲人突然离世、地震等），也可能是长期的创伤性伤害（家庭暴力等）。

（二）急性创伤与PTSD预防

对于急性创伤，如果能在发生之时及时处理，则一方面可以避免PTSD的发生，另一方面降低PTSD的严重程度。例如：在车祸发生时，当事人不仅生理上会受到伤害，心理上也会产生巨大创伤。因此常见的状况是身体复原之后，当事人在相当长的一段时间里不敢开车，不愿意坐车，经常做噩梦，痛苦不堪。面对这样的情况，很多人可能会说：这是没有办法的事情，只能顺其自然。

事实上，PTSD的预防比事后干预往往更加有效，因为病人一旦选择性遗忘一些经历，事后的干预治疗可能就相对来说更困难。而且统计数据证实，在经历了可怕的车祸并明显有患上PTSD风险的病人，在接受了12次认知疗法后，只有11%患上了PTSD。而只是收到自助手册的人发病率为61%。可见急性期进行认知疗法可以显著降低罹患PTSD的概率。但是12次认知疗法是需要投入大量的时间和金钱的，对于多数人来说即使知道这个方法有效，也不会去尝试。而NuCalm则不仅比认知疗法更为有效，而且操作简单，无须依赖于专业人士，自行在家操作即可。如果在车祸发生后及时使用 NuCalm，不仅可以在短短几个小时内快速降低恐惧、焦虑，让我们可以理性地应对，而且可以快速增强副交感，加速身心疗愈，预防 PTSD 发生。另外一个常见场景是：亲人突然离世造成的急性创伤。

（三）PTSD 干预

与急性创伤相比，PTSD 的干预更为困难。事实上，PTSD 的预防比事后干预往往更加有效，因为病人一旦选择性遗忘一些经历，事后的干预治疗可能就相对来说更困难。

从心理学的角度来说，大部分临床工作者认为 PTSD 患者应直面最初的创伤，处理紧张情绪，并建立有效的归因方式来克服这种障碍产生的损害。其中精神分析疗法通过心理医生的辅助进行相关的引导从而建立一种新的叙事。认知疗法则是矫正患者对创伤的负面推论。这些建立在心理学基础上的疗法对于专业治疗师的要求很高，而目前中国针对 PTSD 的专业治疗师人数非常有限。另外心理治疗需要达到一定的频率才能起作用，而每次的治疗费用较高，因此并非理想的干预方案。

而药物治疗则是选择性地改善特定的 PTSD 症状，例如使用镇静安眠药改善睡眠障碍。药物治疗除了有明显副作用外，其实最大的问题是无法消除产生 PTSD 的根源，因此药物治疗不会疗愈 PTSD，只是隔靴搔痒而已。PTSD 在国内的现状是低就诊、误诊率高、治疗手段有限、治疗效果不理想。

在美国，针对 PTSD 的治疗之前最为有效的方法是生物反馈法。但是生物反馈需要特定的设备，专业的医生或者经过培训的生物反馈治疗师进行操作。生物反馈法需要多次治疗后方显效果，但因为治疗师的费用很高，因此即使有一定的效果，很多人在治疗几次后就放弃了。对于政府资助的退伍军人，费用不是问题，但是要到特定的地点去做特定的治疗，对于 PTSD 患者来说本身是一种挑战。

（四）NuCalm 在 PTSD 干预中的作用

霍洛威博士是 PTSD 领域的专家，已经在该领域深耕了 30 年。为了帮助这个特殊的群体，他学习了东西方医学，并到俄罗斯去学习生物反馈法。正因为一直工作在一线，霍洛威博士更了解各种治疗方法的优势与不足。因此他一直想发明一个更为有效的帮助 PTSD 群体的方法。NuCalm 就是在这样的背景下诞生的。到目前为止，霍洛威博士已经帮助了 2 000 多名 PTSD（创伤后应激障碍）患者。他们中的许多人曾在军队服役，另外一些人是因为其他经历，如在因酗酒和成瘾而伤痕累累的家庭中曾被虐待而造成的。

虽然造成 PTSD 的原因不同，但是对大脑造成的伤害却是相似的。当创伤发生时，就像是让 220V 的电流通过 110V 的线路时发生的情况。为了生存，我们选择把这些过载的冲击包裹起来。但这样一来，后期想要找到这些被过载的冲击伤害了的线路就更加困难了，这也是 PTSD 容易复发的根本原因。

二、物质使用障碍

曾用于定义物质使用相关障碍的术语很多，包括“成瘾”“滥用”（DSM-IV）“有害使用”（ICD-10）及“依赖”等。

●“成瘾”表现为强迫性地寻求药物或对一种药物的强烈愿望，而不顾上述行为可能带来的严重躯体及社会后果。

●滥用和有害使用分别基于药物使用所带来的种种躯体及心理后果。

●依赖的定义基于一组躯体、心理及行为症状。根据ICD-10，如果在前一年满足3个标准，即可被视为依赖，包括针对用药的强烈的渴望或冲动、难以控制用药、戒断症状、耐受证据、忽略其他快乐及兴趣、明知有害后果的情况下持续用药。

物质使用障碍是指使用精神活性物质导致的精神障碍。临床症状和综合征包括急性中毒、有害使用、成瘾综合征、戒断综合征、伴有谵妄的戒断状态、精神病性障碍、迟发的精神病性障碍及遗忘综合征。物质使用障碍（substance use disorder， SUD）非常普遍，而且危害很大，不仅对有物质使用障碍的本人来说会造成身心伤害，对其家人、对整个社会也会造成非常负面的影响。WHO统计数据显示，全球饮酒者超过20亿，吸烟者多达13亿，每年因饮酒造成约490万人死亡。2020年6月25日，联合国毒品和犯罪问题办公室发布了《2020

年世界毒品报告》。报告指出，全球目前有 3 500 多万人吸毒成瘾。报告指出，2018 年，全球约有 2.69 亿人滥用毒品，比 2009 年增长了 30%。与毒品相比，酒精、药物使用障碍其实影响范围更大更广。例如，一个酗酒的父亲往往会对自己的家人有暴力行为，从而对其家人来说可能造成的是终身的身心伤害。药物使用障碍，如镇静安眠类药物和止痛药的长期使用造成的依赖，成瘾问题则被多数使用者所忽略。

2015 年美国一项全国调查显示，12 岁及以上人群中大约 8% 在过去一年中被诊断为 SUD。在美国因使用违禁物质和非医疗目的用药（单用或合并酒精使用）而到急诊科就诊的比例很高。

（一）物质使用障碍的标准

《精神疾病诊断与统计手册》（第五版）通常被称为 DSM-V 或 DSM-5，它是美国精神病学协会关于每个被认可的精神的名称、症状和诊断特征的标准文本的最新版本。包括成瘾在内的疾病。DSM-V 于 2013 年 5 月出版。物质使用障碍涵盖了物质使用引起的各种各样的问题，为了更好地理解下面的标准，可将其中的“该物质”替换为酒精。

●比自己预期的使用量更大或长时间使用该物质。

●主观上想要减少或停止使用该物质，但却做不到。

●花费大量时间获取，使用或在使用该物质后想要恢复。

●渴望使用该物质。

●因为使用该物质导致无法完成正常的工作，无法尽到自己在家庭或学校该负的责任。

●即使使用该物质会导致家庭关系、社会关系紧张，但仍然无法控制自己不去使用它。

●因使用该物质导致错过或者放弃重要的社交，职业或娱乐活动。

●即使使用该物质使您处于危险之中，但还是忍不住一次次地使用。

●即使您知道自己身体或心理方面的问题可能已经由该物质导致或恶化，但仍然无法停止使用。

●需要更多的该物质来获得您想要的效果（耐受度）。

●出现戒断症状，而戒断症状可以通过使用该物质得到缓解。

根据上面所列症状出现的数量多少来进一步确定物质使用障碍的严重程度。两种或三种症状表明轻度物质使用障碍；四种或五种症状表示中度物质使用障碍，六种以上症状表示严重物质使用障碍。

物质使用障碍会引发、导致多种在使用该物质前没有的精神障碍，如抑郁、焦虑、双相障碍、强迫症、睡眠障碍、性功能障碍、谵妄以及认知功能障碍等。

（二）酒精使用障碍

偶尔喝几杯不是大问题，但是酗酒很显然就是大问题了。严重饮酒问题在医学上被归类为“酒精使用障碍”（alcohol use disorder，AUD），这是一种慢性复发性脑疾病，其特征在于强迫性饮酒、无法控制饮酒量以及不饮酒时情绪低落。美国精神病学会《精神障碍诊断与统计手册》第五版（DSM-5）

中，将酒精使用问题归类为酒精使用障碍，依据其对照诊断标准的符合程度分为轻、中、重三个严重性等级。

酒精使用障碍是由遗传、社会心理和多种环境因素导致的。表现为对酒精作用的耐受性增加，出现特征性的戒断体征和症状，并且对饮酒量和频率难以自控。酒精使用障碍与一系列身体和精神后遗症相关。世界卫生组织出版的疾病和有关健康问题的国际统计分类（ICD）第 10 版对酒精使用障碍给出了“有害性酒精使用”的类似定义。

要评估一个人是否有酒精使用障碍，可以比对以下症状，看过去的一年中，是否存在这些情况：

●酒精的摄入通常比预期的要多或饮酒持续时间更长。

●一直存在戒酒或少喝的愿望，或者尝试戒酒或减量，但最终宣告失败。

●喝酒、酒后不适或者从醉酒中恢复占用很多时间。

●强烈渴望喝酒。

●因喝酒频繁导致无法履行在工作、学校或家庭中的职责和义务。

●尽管由于喝酒导致或加剧了已成问题的社会和人际关系，仍继续喝。

●由于喝酒，放弃或者减少重要的社交、职业或娱乐活动。

●喝酒不顾后果，在有危险的情况下，依然喝酒，增加了受伤的概率（例如开车、游泳、操作机械）或发生不安全的性行为）。

●忽视酒精可能引起或加重身体或心理问题，仍继续喝。

●发生酒精耐受（符合以下任意一项：a. 需要喝得更多才

能有以前的感觉；b. 喝同等剂量的酒体会不到以前的感觉）。

●出现戒断反应（符合以下任一情况：a. 酒精性戒断综合征，症状包括睡眠困难、身体发抖、易怒、焦虑、沮丧、躁动不安、恶心、出汗或者出现幻觉感受到不存在的东西；b. 服用酒精替代品如苯二氮卓可缓解或消除戒断反应症状）。

如果一个人有上述症状之中的两种，则表明存在饮酒障碍。取决于符合的症状数，分轻度（2-3）、中度（4-5）或重度（6个或者以上）。

遗憾的是，只有不到10%的人去寻求解决办法和得到治疗。

1. 酒精成瘾的现有干预方案

12步疗法最早出现在1939年的一本专业刊物中，书名叫《匿名酗酒者：超过一百名男子从酒精中毒中恢复过来的故事》。虽然12步疗法最初是用于戒酒瘾，但后来越来越多专业机构将其应用到其他成瘾疾病中去，最典型的就是戒毒。除此之外，许多康复机构基于12步疗法模型提出了自己的康复计划。使用12步疗法的治疗连锁机构比如Narcotics Anonymous（NA）开遍了全球，这说明12步疗法的确是有效的。但是另一方面，大多数12步疗法都是通过支持团体（如NA和AA）进行管理的，而许多国家由于治疗理念和环境的差异，可能根本没有类似的治疗条件。

心理社会治疗（单独进行或与药物治疗联合进行）可减少饮酒并增加戒酒的比例。心理社会治疗的短期目标包括：

●鼓励并支持患者戒酒或减少饮酒。

●鼓励患者治疗酒精使用障碍。

●支持患者对酒精使用障碍治疗药物的依从性。

药物替代治疗主要用于处理戒酒过程中常见的戒断症状。因为苯二氮卓类药物与酒精有交叉耐受性，都作用于GABA-A受体，所以苯二氮卓类药物被广泛用于酒精戒断综合征的替代治疗。短期使用问题不大，但是长期使用不仅对肝肾功能、认知功能会造成损害，而且会导致苯二氮卓类药物的成瘾问题。

2. 更为理想的干预方案

物质使用障碍的起因复杂，通常由神经生物学、遗传学、心理学和社会学等因素共同作用导致。而且物质使用障碍与焦虑相关障碍密切相关，互为因果。例如，PTSD患者因为有睡眠和焦虑问题而经常使用镇静安眠药或者酒精等来帮助释放情绪，缓解睡眠障碍，而这些物质的使用本身会造成物质依赖，继而导致物质滥用与成瘾。

根据美国国家生物技术信息中心数据显示，在美国37%的酗酒者至少伴有一种严重的心理健康障碍，其中焦虑是最为常见的一种。因此更为理想的解决方案应该是同时解决焦虑和成瘾两个问题。NuCalm就可以做到这一点。

NuCalm是基于神经科学技术设计的一套三合一天然抗焦虑系统。不仅可以有效地缓解戒断症状，而且可以快速诱导身体进入副交感优势模式，有效修复物质滥用造成的伤害。更重要的是，NuCalm可以从根本上降低焦虑，重建皮质醇负反馈循环，从而可以有效避免再次复发。

（三）镇静安眠药物使用障碍

相对于毒品、酒精而言，多数人对于药物的依赖性和成瘾性的危害认识不足。其中镇静安眠药是导致药物使用障碍非常常见的一种。

睡不着、睡不醒、睡不好！成为很多现代人的常态。据统计，我国有 2 亿失眠患者，5 000 万阻塞性睡眠呼吸暂停综合征（严重打鼾憋气）患者，100 万嗜睡症患者。对于这一庞大的患者群体，凸显出专业医生少、患者自我治疗不规范等突出性问题，其中药物滥用导致的各种问题普遍存在。20 世纪以来，镇静安眠药经历了三个阶段：巴比妥类，苯二氮卓类，非苯二氮卓类。因为副作用强，巴比妥类药物已经较少使用。苯二氮卓类药物 1960 年上市，1977 年时就成为全球处方量第一的药物，至今仍是最常用药物之一。目前市面上约有 35 种苯二氮卓类衍生物，其中 21 种在全球范围内获批准。因为同时具有镇静、抗焦虑、抗惊厥、肌肉松弛等作用，所以在临床上应用广泛。近十年来，苯二氮卓类药物因其起效快，疗效确实，短期使用耐受性好及相对安全等特征而被广泛使用。但事实是很多医生对苯二氮卓类药物的药理特性、药物选择、使用方法、使用理念、滥用防治等知识相对缺乏，公众的认知也有很多误区，结果容易出现该用时不敢用、不合理使用等情况。因为苯二氮卓类药物在以下 6 个方面的效果比较明确：焦虑与焦虑障碍、失眠障碍、抽搐、酒依赖戒断综合征、内外科及精神科的联合用药，所以在精神科专科医院中，约有 2/3 的患者使用苯二氮卓类药物，以失眠为主诉的患者中，有 90% 的精神科医生会开苯二氮卓类药物。

苯二氮卓类药物在失眠的应用要根据患者的情况选药，尽量以最小剂量达到满意效果。长期慢性失眠患者不建议长期用一种药物，可换药，抑制成瘾性。对于出国的人，可短期服用几粒帮助睡眠。老年人不建议选半衰期过长的药物。

苯二氮卓类药物是目前公认治疗酒依赖戒断症状（AWS）最好的药物，要综合考虑药代学参数、起效时间、成瘾潜力，患者的躯体状况和耐受等情况来选药。苯二氮卓类药物和酒精都会作用于 GABAA 受体，升高抑制性神经递质 GABA 与受体的亲和力。GABA 与 GABAA 受体亲和力增加促进 Cl 离子通道开放，使 GABA 的中枢抑制效应增强。

1. 戒断与治疗

为了避免镇静安眠药使用障碍问题，最直接的方法就是从一开始谨慎使用，正确使用这一类药物，避免成瘾。其次是在已经成瘾后，逐渐戒断。

要顺利戒断药物，需要从以下几个方面入手：①提前告知反跳的可能性。镇静安眠药的反跳发生率为 15% ~ 30%，常见的反跳反应为失眠，其次是焦虑。②缓解戒断症状。因为很多人没有戒断药物并不是因为不知道长期使用这一类药物的危害，而是因为戒断反应太痛苦了。因此有效缓解戒断期的症状直接决定着是否能够戒断成功。戒断反应分为急性戒断期和稽延性戒断期。急性戒断症状包括：出汗、心跳快、手部震颤、失眠、恶心、呕吐、短暂性的幻觉或错觉等。这些症状一般 4 ~ 12 周会自行缓解。但是对于很多人来说，在维持日常生活的同时经历这样的症状是非常有挑战性的，因此也是为何很多人想过戒断药物，但最后还是越来越依赖的原因。稽延性戒断则持续时间更长，虽然症状逐渐减轻，但不时出现波浪样的症状反复，中间有症状缓解期，症状恢复不完全。③从根本上解决焦虑失眠问题，才能真正地预防再次复发。

目前对于镇静安眠药使用障碍的问题，通常采用综合治疗，一则逐渐减少药物剂量；二则采用替代疗法，将半衰期短的药物先替换成半衰期长的药物，然后逐渐减量；三则提供心理支持；四则预防并发症的发生（例如癫痫）；五则有效治疗共病，如 PTSD，焦虑等。

2. 更理想的解决方案

理想的干预方案一定是基于对机理的清晰理解。

对于镇静安眠药使用障碍来说，如果能从一开始就不使用自然是最理想的。

其实无论是对于焦虑也好，失眠也罢，都可以采用天然的抗焦虑技术有效改善睡眠，完全不必依赖于药物。即使是对于急性应激期出现的严重的睡眠障碍，短期使用安眠药帮助快速缓解症状，也不会导致本节提到的使用障碍问题。

NuCalm 是唯一一个用非药物方法快速降低焦虑，改善睡眠的三合一系统。不论是对于入睡困难、睡眠维持时间短、早醒、还是夜醒、醒后疲劳等，NuCalm 的作用都不逊色于药物治疗。尤其是 NuCalm 三合一系统中的生物能量贴片中带有的 GABA 频率，可以直接影响 GABAA 受体，与苯二氮卓类药物的作用靶点一致，却没有药物的副作用。

如果是已经形成了药物依赖，NuCalm 则可以帮助使用者顺利度过戒断期，更快速顺利地减少对药物的依赖，从而真正实现不依赖药物也能安然入睡的目标。NuCalm 三合一系统可以同时缓解戒断症状，重塑神经回路，一举多得。

另外，多数镇静安眠药的使用者之所以出现睡眠障碍，很大程度上是因为长期的焦虑。NuCalm 在抗焦虑方面的机理和效果已经得到了证实[①]。从这个角度来说，NuCalm 可以从根本上预防镇静安眠药的再次成瘾问题。

（四）阿片类物质使用障碍

阿片类物质在医学上用于缓解疼痛，其具有镇痛和中枢神经系统抑制作用，也有可能引起欣快。阿片类物质使用障碍（opioid use disorder，OUD）是指因使用阿片类物质导致的任何心理或行为障碍。OUD 通常是一种慢性、复发性疾病，可导致并发症发生率和死亡率显著增加。OUD 包括处方阿片类药物使用不当、将阿片类药物做毒品使用，或者使用非法获得的海洛因。

1. 海洛因

在阿片类物质中，海洛因，俗称白粉，应该是大家最为熟悉的一种。海洛因能带来欣快感，可当作娱乐性用药使用，也用来缓解疼痛。常见的给药方式为注射到静脉之中，但也可以经口或鼻吸入。起效通常很快而药效可持续数小时。虽然近些年新型毒品开始引起人们的关注，但在中国使用最多、

① 请参考 2018 年发表在《Annals of Depression and Anxiety》上的文章：Measurements of Electroencephalogram（EEG），Galvanic Skin Resistance（GSR）and Heart Rate Variability（HRV）during the Application of a System that Gives Simultaneously tVNS and Brain Entrainment on Subjects Affected by Depression and Anxiety

危害最严重的毒品仍然是海洛因。人在吸食海洛因后，抑制了内源性阿片肽的生成，逐渐形成在海洛因作用下的平衡状态。一旦停用就会出现渴求感，随后出现一系列生理不适感，如出汗、流涕、多泪、打哈欠、易怒、全身不适、疼痛、入睡困难、恶心、腹泻、冷热交替等。

2. 海洛因成瘾干预方法

●临床药物干预：美沙酮替代治疗是目前治疗海洛因依赖的主要方法，可控制患者的急性戒断症状和稽延期戒断症状。缺点：药物本身的副作用和成瘾性！

●心理干预：目前国内大部分机构都难以针对阿片成瘾者开展心理干预工作，对阿片成瘾者开展专业心理干预的机构更是寥寥无几。缺点：专业人士缺乏，过于依赖专业人员，成本高。

●社区康复模式研究：目前国内只有一些在专业人员的组织下成立各种集体形式的组织，如匿名吸毒者协会、TC之家、戒毒人员互助组织等。缺点：这些组织形式只是局部范围的，缺乏各种社会资源的整合，难以在全国推广。

●经颅磁刺激：虽有临床研究证实对于部分成瘾者经颅磁刺激有效，但是设备本身价格高，对操作人员技术要求高，使用不方便。

●生物反馈：需要专业人士操作，耗时耗力，成本高，不方便。

NuCalm 在海洛因成瘾干预中的作用

NuCalm 可以：①预防成瘾：成瘾需要一个过程，使用海洛因的人多数是因为情绪问题或者疼痛问题开始的，NuCalm 可以有效地控制焦虑、抑郁、疼痛问题，因此可以降低使用海洛因的动力与频率，预防成瘾的发生；② NuCalm 可以快速有效地缓解戒断期症状，与药物治疗相比效果相当，却没有药物治疗的副作用和成瘾隐患；③如果在使用其他干预方法（如药物治疗或者心理治疗）时，联合使用 NuCalm，可以增强其他这些干预方法的效果；④ NuCalm 可以改善睡眠、增加脑部血流、修复海洛因对大脑造成的损伤，重新建立新的神经回路，从根本上脱离海洛因依赖。

3.NuCalm 的作用机理

海洛因使用者（伴随抑郁）普遍存在副交感活性低，交感活性高的情况。HRVB（基于 HRV 的生物反馈）已经被证实是一种非药物的可以恢复自主神经系统平衡的方法，而 NuCalm 在这方面的表现远超 HRVB。NuCalm 不仅见效更快，而且使用也更为方便，稳定性好，结果可预测。

为了评估 NuCalm 在戒毒方面的作用，在兰州市戒毒局的大力支持下，曾明教授的指导下，完成了国内第一个 NuCalm 在戒毒领域的实验。

实验目标：通过 2 周的研究，对处于急性戒断期的参与者进行每日一次的 NuCalm 干预，以美沙酮作为对照组，评估 NuCalm 在改善阿片类急性戒断症状方面的有效性。

实验对象：符合以下标准的男性海洛因使用者。

[症状标准]

●有精神活性物质进入体内的证据，并有理由推断精神障碍系该物质所致。

●出现躯体或心理症状，如中毒、依赖综合征、戒断综合征、精神病性症状，及情感障碍、残留性或迟发性精神障碍等。

[排除标准] 排除精神活性物质诱发的其他精神障碍。

实验分组：20 人为药物干预组；20 人为 NuCalm 干预组

结果显示：NuCalm 在改善海洛因急性戒断期症状方面的效果可以与目前使用的药物干预相媲美。短短 2 周，所有相关症状都得到改善，而在坐卧不宁、手足无处放、早醒、出汗、恶心呕吐、冷热交替方面表现优于药物干预。

更为重要的是，作为一种非药物的干预方法，NuCalm 没有药物干预本身的副作用以及后续的成瘾问题。

NuCalm 在美国临床应用 18 年，安全有效、已经成功用于戒毒、戒瘾治疗。接下来将进行更为深入的系统的实验，探讨 NuCalm 在预防成瘾、缓解急性戒断期症状、预防复吸等方面的效果，为在中国使用 NuCalm 帮助到该类人群提供一个有力的工具。（表 4-1）

表 4–1　海洛因戒断反应评估量表

症状类型	评价量表	给药前	第 4 天	第 7 天	第 10 天	第 14 天
疼痛症状	全身不适					
	关节痛					
	肌肉痛					
	头痛					
情感表现	心烦					
	情绪激动					
	坐卧不宁					
	手足无处放					
	渴求感					
睡眠	入睡困难					
	易醒					
	早醒					
其他	出汗					
	哈欠流涕					
	恶心呕吐					
	腹痛腹泻					
	冷热交替					

评定方法：

0 分：无症状；1 分：经询问有症状；2 分：主动诉有症状，但可忍受；3 分：症状难以忍受。

4. 阿片类止痛药

虽然海洛因是大家熟知的也是比较重视的阿片类物质，但是在讨论阿片类物质滥用问题时，阿片类药物的使用与我们相关度更高。

阿片类药物（opium）一直是最有效也最常用的治疗中度至重度疼痛的药物，如癌痛、分娩痛、术后疼痛等。天然类阿片类药物有阿片、吗啡（阿片中的一种生物碱）、海洛因（吗啡的衍生物）等，此外人工合成阿片类药物也被广泛用于临床，如美沙酮、芬太尼和哌替啶（杜冷丁）等。1982 年，阿片类药物被 WHO 认定为“三阶梯”癌痛治疗的常规用药（“三阶梯”即根据疼痛程度应用不同的镇痛药物进行治疗。轻度疼痛应用“第一阶梯”镇痛药物，以非阿片类药物为主进行治疗。中度疼痛，应用“第二阶梯”镇痛药物，以弱阿片类药物进行治疗。重度疼痛，应用“第三阶梯”镇痛药物，以强阿片类药物进行治疗）。

然而，伴随着阿片类药物使用的增加，其不良反应（便秘、恶心呕吐、嗜睡及过度镇静、呼吸抑制、眩晕、精神错乱、药物依赖性及药物过量和中毒）、误用、滥用及流弊所导致的社会问题亦在全球范围内不断凸显。据联合国毒品和犯罪问题办事处（UNODC）和 WHO 估计，每年有 6.9 万人因过量使用阿片类药物死亡，1 500 万人阿片类药物成瘾。即便如此，由于止痛效果显著，阿片类药物仍是控制中、重度疼痛的主要用药。但由于担心其不良反应与成瘾性，很多患者都在持续使用低于治疗剂量的止痛药物，导致镇痛不佳。

2015 年，国际疼痛研究协会（international association for the study of pain，IASP）将疼痛认定为一类正式的疾病并对其进行了分类。研究表明，全球每年有数以千万计的中度至重度疼痛患者没有得到有效的镇痛治疗。同时，全球 20% 的人口在忍受着慢性疼痛，患者的生理和心理均受到极大的伤害，生存质量显著降低。在这种情况下，即使从人道主义角度来看，止痛药也显得尤为重要。

不同的生理原因导致不同的疼痛状态之间差异很大。无论是癌症疼痛，炎症或组织损伤引起的疼痛，还是神经性疼痛，偏头痛，肠易激综合征疼痛或纤维肌痛，每一种疼痛都有不同的病理生理学特征，所以疼痛临床试验不能一刀切。另一个棘手的难点在于，疼痛与其他疾病终点不同，疼痛是完全主观的。没有疼痛的替代性指标，没有可以测量的生物标志物。这完全取决于患者对自己疼痛的评价。所以找到可靠的替代生物标志物（如炎症信号），才能有助于消除临床试验中使用的终点的一些主观性。

慢性疼痛者通常会长期使用阿片类镇痛药。由于慢性疼痛原因非常复杂，且常合并情绪障碍、睡眠障碍、人格障碍等问题，使这一类患者更容易发生物质使用障碍。

因此，如果能找到有效的非药物的缓解疼痛或者消除疼痛的方法，就可以从根本上降低阿片类止痛药的使用数量，以及对同一个患者来说，减少使用频率与剂量，降低物质使用障碍的发生概率。

5. 止痛药的替代方案

疼痛管理有很多种方法，例如对自主神经失调相关的游走性疼痛，平衡自主神经系统比吃止痛药管用。对伴有肌肉紧张僵硬的局部疼痛，则可以采用渐进式肌肉放松法，呼吸训练法，瑜伽等放松的方法来起到缓解疼痛的目的，也不需要使用阿片类止痛药。对于阿片类止痛药最常应用的癌痛，也可以通过其他非药物的方法降低疼痛程度，尤其是降低主观疼痛感受，从而减少止痛药的用量，缩短使用时间，从而减少成瘾的可能性。

NuCalm 一方面可以直接缓解疼痛，减少止痛药用量，缩短止痛药使用时间，从而预防物质使用障碍的发生（详细情况见《疼痛管理》部分）。另一方面，对于已经药物成瘾的人群，NuCalm 可以帮助其有效戒断，恢复正常。

（五）烟草与尼古丁

众所周知，吸烟有害健康。一些吸烟者在主观上感觉吸烟可以解除疲劳、振作精神等，这是神经系统的短暂兴奋，实际上是尼古丁引起的欣快感。兴奋后的神经系统随即出现抑制。所以，吸烟后神经肌肉反应的灵敏度和精确度均下降。国外一心理研究机构的一项研究结果表明，吸烟者的智力效能比不吸烟者降低 10.6%。吸烟至少数周，吸食量相当于每天 10 支以上的香烟，每支香烟至少含 0.5 毫克尼古丁。

可是事实却是：众所周知吸烟有害健康，可是烟民数量却常年只增不减，到底是什么原因？

匹兹堡大学医学院 Joshua L. Karelitz 等人近期的研究发现，尼古丁和海洛因等成瘾药物一样，激活了大脑的奖励回路，也提高了化学信使多巴胺的水平，多巴胺又反过来增强了奖励行为。除此之外，尼古丁能够增强视觉和音乐刺激带来的快感，增强并且延长人们从其他活动和药物中获得的乐趣。

如果突然停吸或减少香烟，24 小时内出现下列种种不适的症状，诸如：渴望吸烟、烦躁、忧郁、精神难以集中、不安定、头痛、昏昏欲睡、胃肠功能失调，这就是烟瘾的症状。在缺乏尼古丁的情况下，其他活动也让戒烟者没有那么愉快或开心。所以想通过嚼口香糖、嗑瓜子来戒烟的尝试，往往难以奏效。

相对于其他物质障碍而言，戒烟本身并不困难，难的是彻底戒掉，不再复吸。因此找到吸烟的动力所在，同时对成瘾回路进行调整，才可能从根本上解决。

目前我国已被批准使用的戒烟药物有：

●处方药：伐尼克兰（酒石酸伐尼克兰片）、盐酸安非他酮。

●非处方药：尼古丁贴片、尼古丁咀嚼胶。

尼古丁替代疗法通过向人体提供尼古丁以代替或部分代替从烟草中获得的尼古丁，从而减轻尼古丁戒断症状，如注意力不集中、焦虑、易怒、情绪低落等。NRT 类药物辅助戒烟安全有效，可使长期戒烟的可能性加倍，虽然并不能完全消除戒断症状，但可以不同程度地减轻戒烟者戒烟过程中的不适。

伐尼克兰（酒石酸伐尼克兰片）是一种新型非尼古丁类戒烟药物，在 2006 年已被美国 FDA 批准上市用于成人戒烟，推荐吸烟者使用的证据等级为 A。在 2009 年发表的一项由中国、新加坡和泰国共 15 个国家参加的临床研究中，伐尼克兰戒烟疗效显著优于安慰剂，主要疗效终点第 9 ~ 12 周（包括第 12 周）经 CO 测量证实的 4 周持续戒烟率，伐尼克兰治疗组（50.3%）显著高于安慰剂组（31.6%）（P=0.0 003）。关键及其他次要疗效指标在伐尼克兰组和安慰剂组之间的差异均有统计学意义。

盐酸安非他酮（缓释片）是第一种可有效帮助吸烟者戒烟的非尼古丁类戒烟药物，1997 年被用于戒烟，推荐吸烟者使用的证据等级为 A。盐酸安非他酮是一种具有多巴胺能和去甲肾上腺素能的抗抑郁剂，作用机制可能包括抑制多巴胺及去甲肾上腺素的重摄取以及阻断尼古丁乙酰胆碱受体。盐酸安非他酮为口服药，剂量为 150 mg/ 片，至少在戒烟前 1 周开始服用，疗程为 7 ~ 12 周。副作用有口干、易激惹、失眠、头痛和眩晕等。癫痫患者、厌食症或不正常食欲旺盛者、现服用含有安非他酮成分药物者或在近 14 天内服用过单胺氧化酶抑制剂者禁用。对于尼古丁严重依赖的吸烟者，联合应用 NRT 类药物可使戒烟效果增加。盐酸安非他酮为处方药，长期（>5 月）戒烟率为安慰剂组的 2 倍。

联合使用一线药物已被证实是一种有效的戒烟治疗方法，可提高戒断率。有效的联合药物治疗包括：①长程尼古丁贴片（>14 周）+ 其他 NRT 类药物（如咀嚼胶和鼻喷剂）；②尼古丁贴片 + 尼古丁吸入剂；③尼古丁贴片 + 盐酸安非他酮（证据等级为 A）。

从根本上戒断：

首先是认知层面。在吸烟人群中，有很大一部分并非是享受吸烟本身，而是因为：①获得群体认同。例如，青少年群体，很多人第一次吸烟都是在高中或者大学时期。往往是为了显得酷，为了不让伙伴们笑话自己，为了获得群体认同开始吸烟的。通过科普教育和认知改变，让青少年认识到这样做并不是酷，而是对自己，对家人不负责任，并引导正确的社会交往方式；②工作需要。就像喝酒一样，为了拿下某个订单或者达成某种合作而不得不吸烟。其实这完全是个人选择。随着社会整体认知的改变，公众的健康意识增强，公共场合对于吸烟的限制，将会让这个群体的数量大大减少；③情绪释放。不少人吸烟是为了在自己情绪激动的时候不与人产生冲突。例如夫妻吵架的时候，与同事意见不一致的时候，工作压力大的时候，家庭矛盾激化的时候以及感觉寂寞无助的时候。因为这些原因吸烟的，往往需要找到另外一种有效的情绪释放方法才能得以解决；④醒脑提神。有的人反应自己写东西时必须抽烟才能有灵感。对这类人来说，找到合适的健康的醒脑提神方法是最好的也是最直接的解决方案。

NuCalm对于吸烟者的帮助，一方面是减少吸烟的“动力”，例如 NuCalm 可以：①减压降低焦虑水平；②改善情绪，减少情绪波动；③改善睡眠，提升精力，保持头脑清晰，可以高效工作。另一方面 NuCalm 可以改变我们的认知，结合科普教育，可以有效降低青少年吸烟的比例，同时对于为了工作需要而吸烟的人来说，也可以帮助他们改变观念，找到更好的社交方法。另外很重要的一点是：NuCalm 可以通过非药物的方法来缓解戒断症状，重塑神经回路，彻底解决成瘾问题。

（六）换个角度理解物质使用障碍

说到物质使用障碍，一般专业书籍中提到的都是分类和临床常用的心理干预和药物治疗方法。对于如何预防物质使用障碍的发生，或者在戒断后如何预防再次复发谈论的却比较少。对于常用的心理和药物干预方法存在的常见问题，如心理干预的可获得性，以及药物干预的副作用，也没有一个理想的解决方案。

1. 发生的原因与有效预防

虽然少数人抽烟、喝酒、吸毒是因为好奇，但多数人还是因为其他原因而长期使用导致成瘾的。例如，因为压力大，焦虑，睡不着而开始饮酒或吃镇静安眠药；因为抑郁无聊寻求快感；因为疼痛过量服用止痛药或者使用阿片类物质。因此如果能减少压力，降低焦虑，改善抑郁情绪，缓解疼痛，则有可能从根本上避免物质使用障碍问题的发生。

NuCalm 三合一系统可通过中断中脑的应激反应来有效降低人体对压力的过度反应，降低焦虑水平，增加 GABA 能神经元活性，减少物质依赖风险，并通过诱导大脑进入 Theta 疗愈波，快速修复大脑。因此使用 NuCalm 可以有效地降低物质使用障碍发生的风险。

2. 戒断反应与有效改善

对物质使用障碍患者来说，能否顺利度过戒断期，直接决定着能否成功戒断。常用的帮助缓解戒断症状的方法包括 12 步治疗方案、心理干预、社会支持与药物替代疗法等。但这些方法或者在中国无法执行（如 12 步治疗方案），或者替代药物本身会造成另一种物质使用障碍（例如用苯二氮卓类药物替代酒精）。

NuCalm 可以减轻戒断期间的焦虑，减少焦虑对使用物质产生的负面强化作用。对于戒断期常见的情绪波动、睡眠障碍、心悸心慌出汗等，NuCalm 可以快速缓解症状，帮助戒瘾者顺利度过。研究发现，物质使用障碍者普遍存在交感优势，副交感被抑制的状况，而 NuCalm 可以让身体从交感优势快速进入副交感神经支配状态，增加额叶的血流量，增强 GABA 参与药物成瘾及睡眠的调节。GABA 能神经元是伏隔核的主要投射或者输出神经元。在人体大脑皮质、海马、丘脑、基底神经节和小脑中起重要作用，并对机体的多种功能具有调节作用。

NuCalm 是一种科学的积极应对压力的方法，可以降低成瘾风险，并防止复发。成瘾往往伴随其他的精神心理问题，例如焦虑、抑郁。反过来物质使用障碍又会导致这些精神心理问题的进一步恶化，从而形成一个恶性循环。在认识到物质使用障碍的危害之后，很多人主观上想要戒断，却往往因为戒断过程的痛苦而中途放弃。

3. 康复与预防复发

戒断反应是所有的物质使用障碍者都会经历的。不过不同的物质，戒断反应持续的时间可能不同。例如，海洛因的戒断反应一般高峰期为 2 ~ 3 天，持续 10 天后消失。在急性戒断期后，物质使用障碍患者并没有恢复正常，他们通常还会经历乏力、抑郁、入睡困难等。NuCalm 可以提高睡眠质量、提升精力和体力、稳定情绪、改变认知，因此对于急性戒断期后的康复会起到非常直接有效的作用。

三、焦虑

焦虑症（anxiety），又称为焦虑性神经症，分为慢性焦虑，如广泛性焦虑（generalized anxiety）和急性焦虑如惊恐发作（panic attack）两种。主要表现为：持续地对尚未发生的事情的紧张担心与恐惧，以及各种自主神经功能失调症状，如心悸、手抖、出汗、尿频及运动性不安等。

遗传与环境都可能是造成导致焦虑的原因。孩童时期遭受虐待、家族有精神病史以及贫穷、战争、父母不和，亲人离世都有可能是造成焦虑症的原因。焦虑症常和其他心理精神疾病如抑郁、成瘾或者人格异常等同时发生在一个人身上。要诊断焦虑症，至少需要六个月的临床观察，需要确定被诊断者的焦虑异于常人，属于过度焦虑，而且焦虑程度已经影响了正常生活。另外，甲状腺功能亢进症、心脏病、使用咖啡因、嗜酒、滥用大麻或者某些药物等都有可能导致类似焦虑症的症状。

近些年受焦虑影响的人群数量急剧增加。全球大约 12% 的人口患有焦虑症。女性的发生率约为男性的两倍，而青少年是受焦虑症影响最大的一个群体。

（一）常见的焦虑症类型与特点

1. 广泛性焦虑症

广泛性焦虑症（Generalized anxiety disorder，GAD）是一种常见的障碍，特征是持续的焦虑（六个月及以上），并不在某一特定的对象或情境中焦虑。罹患此病的人常常经受不特定却持续的恐惧和忧虑，对日常中的很多事情都过度担心。它的具体表现是慢性的过度忧虑，以下症状至少有三种出现：烦躁不安、虚弱、注意力不集中、易怒、肌肉紧张、睡眠问题。儿童GAD还可能伴随头痛、烦躁不安、腹部疼痛和心悸等症状，八到九岁时开始最为典型。因为生理症状更显著，家长和医生很可能忽略了焦虑症。

2. 特殊恐惧症

全世界大概有 5% ~ 12% 的人罹患特殊恐惧症。特殊恐惧症是由特定的刺激或情境导致的病症，例如恐惧飞行、血、水、高速公路和通道等。恐惧症可能与曾经的经历有关。例如曾经经历过车祸的人，对坐车有恐惧，会想尽一切办法避免。

3. 急性焦虑发作（又称为惊恐发作）

在正常的日常生活环境中，并没有恐惧性情境时，患者突然出现极端恐惧的紧张心理，伴有濒死感或失控感，同时有明显的自主神经系统症状，如胸闷、心慌、呼吸困难、出汗、全身发抖等，一般持续几分钟到数小时。发作突然开始，迅速达到高峰，发作时意识清楚，临床表现和冠心病发作非常相似，但是临床相关检查结果大多正常，因此往往诊断不明确，使得急性焦虑发作的误诊率较高，既耽误了治疗也造成了医疗资源的浪费。

（二）焦虑发生的原因与解决方案

导致焦虑发生的原因很多，近些年对焦虑发生的机理研究报道也越来越多。其中一个比较流行的观点是：焦虑症是一种情绪反应调节障碍。焦虑症的发生是因为人体对潜在威胁性刺激的情绪反应的脑回路功能失调引起的。其中与焦虑直接相关的脑区为杏仁核（过度活跃）和前额叶皮层（由上而下的调控不足）。杏仁核中的脑回路被认为包含 γ- 氨基丁酸 - 能（GABA 能）中间神经元的抑制网络。研究发现焦虑症患者的 GABA 能神经元被抑制，因此对同样的压力应激会产生更强烈的反应。如果能提升 GABA 水平，或者增强 GABA 能神经元的作用，则可以改变杏仁核对潜在威胁性刺激的情绪反应。在过去的 50 年中，最常用的抗焦虑药物的靶点就是 GABA-A 受体，如苯二氮卓类药物。但药物治疗存在以下三个问题：①仅对部分人有效；②副作用不可避免；③长期使用造成的认知功能损伤，成瘾都是不可避免的。因此如果有一种非药物的方法可以替代药物治疗，相信不论对于之前使用药物有效，还是使用药物无效，或者不愿意使用药物的人来说都是一个不错的选择。

NuCalm 就是这样一种非药物的天然抗焦虑技术。不仅安全，而且有效。更重要的是，通过像哈佛医学院的彭博士等科学家的研究，我们可以科学地预测 NuCalm 的应用效果。例如，NuCalm 三合一系统中的生物能量贴片，通过将 GABA，L-茶氨酸的频率用多波震荡期传递出去，从而起到调节 GABA 能神经元的作用。这种作用不依赖于物质，不会受到使用者消化吸收能力、血脑屏障等因素的影响，因此使用 NuCalm 生物能量贴片比传统的口服补充剂效果更快速，更高效。

焦虑发生的另外一个原因是认知层面的，对同样的刺激，我们每个人的认知决定了我们的反应，因此改变认知是从根本上解决焦虑的一个方法。认知行为疗法（CBT）也是目前常用的一种焦虑症干预方法。研究证实认知行为疗法对于改善焦虑是有效的。但认知行为疗法需要专业人士进行操作，而且培养一个认知行为治疗师需要的时间很长，因此面对中国快速增长的焦虑人群，认知行为疗法虽然有效，却难以推广，更无法惠及大众。

NuCalm 却可在没有认知行为治疗师参与的情况下改变认知。

之所以能做到这一点，是因为 NuCalm 能诱导大脑进入 Theta 催眠态（也称冥想态）。人的认知是意识层面的，而决定认知的其实是我们的潜意识。NuCalm 体验过程中，我们会进入到 Theta 催眠态，会有机会与我们的潜意识对话，会开始自我觉醒，认知改变是必然的一个结果。也就是说，在没有做任何主观努力的情况下，我们看待世界的角度和态度都发生了改变。

（三）焦虑治疗方案比较

●确认为焦虑症后，一般临床给出的治疗方案为药物治疗和心理治疗。营养治疗和运动、音乐、芳香等疗法虽然有研究文章证实其有效性，但应用范围仍然局限在少数人中。

●药物治疗主要是对症治疗，不会解决焦虑问题，长时间服用还会造成药物成瘾，无异于饮鸩止渴。

●心理治疗尤其是认知行为治疗、正念冥想等干预方法的确有效，但是需要专业心理咨询师或治疗师的介入，实际应用受到很多限制。

● NuCalm 三合一系统是目前最为理想的非药物天然抗焦虑技术。不仅直接调节 GABA 能神经元，让杏仁核和前额叶的神经回路恢复正常，而且通过诱导大脑进入催眠态来改变认知，从根本上解决焦虑问题。

四、睡眠障碍

近些年的研究发现人的大脑只有在睡眠时才能将脑中垃圾运出。睡眠不足、睡眠质量低可直接影响着大脑的功能，例如记忆力、专注力等。睡眠不佳还会导致机体免疫力下降，慢性疾病风险增加。

（一）睡眠障碍分类

需要澄清一点：睡眠障碍和失眠不是一回事。失眠是睡眠障碍的一种。2014 年国际睡眠疾病分类第三版（ICSD-3）

出版。ICSD-3 将睡眠问题分为八类。

- 失眠。
- 睡眠相关呼吸障碍。
- 中枢性睡眠增多。
- 昼夜节律睡眠觉醒障碍。
- 异态睡眠。
- 睡眠相关运动障碍。
- 独立症候群，正常变异及尚未明确的问题。
- 其他睡眠障碍。

（二）睡眠问题解析

1. 失眠

ICSD-3 将失眠分为慢性失眠、短期失眠和其他失眠疾病三类。

慢性失眠的诊断标准为：①主诉入睡困难或维持困难；②有充足睡眠时间和合适的睡眠环境；③日间功能受损；④持续至少 3 个月；⑤至少每周 3 次作为频率标准；⑥儿童同样适用。

2. 睡眠相关呼吸障碍

分为阻塞性睡眠呼吸暂停（obstructive sleep apnea，OSA）综合征、呼吸暂停综合征（central sleep apnea syndrome， CSAS）、睡眠相关低通气和睡眠相关低氧血症。

3. 中枢性睡眠增多

分为发作性睡病 1 型、发作性睡病 2 型、特发性睡眠增多、

Kleine-Levin 综合征、疾病相关过度嗜睡、药物或物质滥用所致过度嗜睡、精神障碍相关过度嗜睡和睡眠不足综合征。

4. 昼夜节律睡眠觉醒障碍

分为睡眠觉醒时相延迟障碍、睡眠觉醒时提前延迟障碍、非 24 h 睡眠觉醒节律障碍、不规律睡眠觉醒节律障碍、倒班工作睡眠觉醒障碍、时差变化睡眠障碍。

（1）昼夜节律睡眠觉醒障碍与解决方案：分为睡眠觉醒时相延迟障碍、睡眠觉醒时提前延迟障碍、非 24 h 睡眠觉醒节律障碍、不规律睡眠觉醒节律障碍、倒班工作睡眠觉醒障碍、时差变化睡眠障碍。

（2）昼夜节律失调：对于现代人来说，昼夜节律失调是常见现象。该睡的时候不睡，该起的时候起不来。白天困倦疲乏，晚上死扛着不睡，周而复始，恶性循环。长此以往，必然会带来各种慢性疾病风险的增加，影响生活和工作质量。

昼夜节律失调与焦虑、睡眠障碍、慢性疲劳、内分泌失调等往往相伴而生，单独调整任何一个都无法达到真正解决问题的目标。因此，虽然昼夜节律失调说起来不是大问题，也不致命，甚至都不用吃药，但是却是很多慢性疾病的高风险因素，因此应该引起足够的重视。

那该如何解决吗？您听到的建议可能是：要规律作息外，不要晚睡迟起，要养成好的睡眠习惯。可是现代人都知道，这样的建议真正能做到的人非常有限。

5. 睡眠相关运动障碍

分为不宁腿综合征、周期性肢体运动障碍、睡眠相关性腿痉挛、睡眠相关性磨牙、睡眠相关性节律运动障碍、婴儿良性睡眠肌阵挛、入睡期脊髓固有肌阵。

（三）短期失眠

偶尔几个晚上睡不好，或者工作需要熬夜，或者出差导致入睡困难等并不代表您失眠了。临床有专门的失眠诊断量表可以用来评估，您也可以根据下面的5个标准简单的自测一下。

●晚上入睡困难。

●白天精神疲惫，打瞌睡。

●没有其他干扰睡眠的问题（不用值夜班，孩子不闹）。

●以上问题每周出现 3 次。

●症状持续 3 个月。

如果满足这 5 个条件，基本可以判断，您有慢性失眠问题。如果症状持续时间短于 3 个月，则为短期失眠。

1. 短期失眠原因

1987 年以来，很多研究认为，失眠的原因有“三因素”，也叫“3P 模型”。

●易感因素（predisposing）：指某些人因为遗传或性格原因（神经质，适应不良，完美主义者）容易焦虑，在遇到同样的刺激时，更容易失眠。

●诱发因素（precipitating）：指诱发失眠的一些因素。比如：工作压力，人际交往矛盾，家人突然离世，外伤，躯体疾病等。

●维持因素（perpetuating）：指失眠之后采用不恰当的应对方法。例如，晚上提前上床睡觉，早晨推迟起床时间，白天过多补觉等。

短期失眠非常普遍，很多工作压力大的职场人士都出现过。但是，这种失眠是一过性的，在压力这些应激事件解除后，失眠会好转。

2. 短期失眠的药物干预

短期失眠的干预方案应该侧重两个方面：①快速有效的改善短期失眠的症状；②正确处理，防止短期急性失眠转为慢性失眠。

对于短期失眠，可以使用药物治疗快速有效改善症状，而且如果能在短期内恢复正常睡眠，药物治疗的副作用和成瘾都不是大问题。

治疗失眠的药物有很多，主要包括：

●苯二氮卓类受体激动剂（BZRAs）：分为苯二氮卓类（BZDs，如艾司唑仑，地西泮，阿普唑仑）和非苯二氮卓类（NBZDs，如右佐匹克隆，佐匹克隆，唑吡坦，扎来普隆）。苯二氮卓类药物对于焦虑性失眠效果明确。但是因为该药物有肌肉松弛作用，因而容易导致腿软、无力等。而且使用后第二天也经常出现困倦、注意力不集中等药物残留效应。建议优先选择非苯二氮卓类（NBZDs），因为与苯二氮卓类药物相比，非苯二氮卓类药物起效快、疗效肯定、副作用少，而且没有肌肉松弛的作用，第二天也不会出现明显的认知功能减退的情况。

●褪黑素受体激动剂：褪黑素是调节昼夜生物节律的一种神经递质。该药物对于时差等引起的昼夜节律失调等相关的失眠效果比较明显。但对于更为普遍的失眠问题，效果不如苯二氮卓受体激动剂。代表药物为阿戈美拉汀。

●具有安眠效果的抗抑郁药：该类药物成瘾性低，但是副作用比较多，例如过度镇静、头晕、便秘、增重等。因此不建议单纯性失眠者使用。但是对于抑郁相关的失眠问题，是一个不错的选择。代表药物为米氮平、多塞平。

在具体选择时，医生会根据个体的具体症状来建议使用特定的药物。

●入睡困难：可选择半衰期短的助眠药物。例如佐匹克隆，唑吡坦，咪达唑仑等。

●维持困难或者早醒：可选择半衰期长的助眠药物。例如艾司唑仑、阿普唑仑、地西泮等。

●主观性失眠者：认为自己没睡好或者睡的不深沉，可选择小剂量奥氮平、利培酮等。

3. 短期失眠的非药物干预

对于短期失眠，如果了解明确的诱因，可以对因治疗，例如采用认知疗法或者催眠疗法进行干预。但是因为国内缺少相关的专业治疗师，因此实际执行起来有一定困难。

NuCalm 可以说是到目前为止最为理想的一种非药物干预方案。

NuCalm 三合一系统对于短期失眠的人来说可以起到以下作用：①帮助快速入睡（如果是之前使用苯二氮卓受体激动剂有效的客户，可以选择单独使用贴片，也可以使用三合一系统），敏感的一次就有改善；②延长睡眠时间，增加深度睡眠，减少夜醒和醒来后再次入睡困难；③修复创伤，彻底疗愈，有效预防从短期急性失眠转为慢性失眠。

NuCalm 系统操作简单，可以随时随地使用。对于并发其他疾病的，例如抑郁性失眠、焦虑性失眠、自主神经紊乱相关的失眠等，NuCalm还可以一举多得，帮助解决多个症状。

（四）慢性失眠

睡眠障碍中最常见的一种是慢性失眠。多数慢性失眠是因为急性短期失眠时处理不当引起的。对于慢性失眠，药物治疗不是一线治疗方案。临床实践中，慢性失眠的初始治疗通常包括睡眠卫生指导和刺激控制疗法。如果当事人无法做到或者效果不理想，则可进行药物治疗、认知疗法或者二者联合使用。

（五）失眠的解决方案

1. 睡眠卫生指导

良好的睡眠卫生习惯对于改善失眠有一定的帮助。就像我们面对一个有慢性疾病或者想要减重的人时，我们一般会建议其先改变饮食习惯。

●保持规律的睡眠计划，尤其是早晨规律的觉醒时间。

●尽可能不强制睡眠。

●午餐后避免饮用含咖啡因的饮料。

●避免在接近睡眠时间饮酒（如下午晚些时候和晚上）。

●避免吸烟或其他的尼古丁摄入，特别是在晚上。

●根据需要调整卧室环境以减少刺激（如减少外界光线、关闭电视机）。

●避免在睡前长时间使用发光屏（笔记本电脑、平板电脑、智能手机和电子书）。

●睡前消除牵挂或担心。

●规律锻炼，每次至少 20 分钟，最好在就寝时间之前的 4 ~ 5 小时以上进行。

●避免日间小睡，特别是超过 20 ~ 30 分钟或是在日间较晚时候的小睡。

对于多数有慢性失眠的人来说，上面的建议或者不足以改善症状，或者难以执行，因此很多临床试验都将单纯的睡眠卫生习惯改变作为对照干预措施。

●刺激控制

刺激控制疗法可改善睡眠，并且其作用可能长期持续。一项研究提示，刺激控制疗法对还未接受过失眠药物治疗的患者更有效。该疗法是建立在需要重建失眠者与床之间的正确联系的基础上的。因为很多失眠者喜欢在床上阅读、看电视、进食或翻来覆去想事情，躺在床上玩手机。刺激控制疗法建议如果患者在 20 分钟后仍然清醒，应离开卧室并进行放松活动，而不是进食或看电视。此外，在没有感到疲倦和准备好睡觉前，不应该回到床上。如果他们回到床上且在 20 分钟内仍不能入睡，则重复上述过程。

●行为疗法

美国睡眠医学学会（american academy of sleep medicine，AASM）、英国精神药理学协会、美国医师学会，以及欧洲睡眠研究学会的临床实践指南支持优选 CBT-I 或其他行为疗法作为初始治疗，而不是药物治疗。行为治疗包括放松疗法、睡眠限制治疗、认知疗法和失眠的认知行为治疗（cognitive behavioral therapy for insomnia， CBT-I）。

放松治疗：可在每次睡眠之前实施放松治疗。放松治疗有 2 种常用方法：渐进性肌肉放松法和放松反应法。

渐进性放松法的理论基础是：个体可以学会一次放松一处肌肉，直至放松整个身体，从面部肌肉开始，轻轻收缩肌肉 1 ~ 2 秒，然后放松。重复数次。同样的方法用于其他肌群，通常按以下顺序进行：下颌和颈部、上臂、前臂、手指、胸、腹、臀部、大腿、小腿和足。必要时可以重复这一循环，持续约 45 分钟。研究发现渐进性放松治疗可改善睡眠测量指标，但改善程度不大。

睡眠限制治疗：因为睡不着，担心睡眠时间短，所以失眠者很多会选择在睡不着的时候也躺在床上。但实际上，这样做会导致昼夜节律改变及内稳态驱动力下降，使得下一晚更难入睡，并导致需要待在床上更长时间。睡眠限制治疗通过限制允许卧床的总时间（包括小睡和其他床外睡眠时间）来抵消这种趋势，以提高睡眠的驱动力，巩固睡眠并提高睡眠效率（患者睡着的时间占卧床时间的百分比）。睡眠限制疗法可能的不良反应包括：日间困倦增加和反应时间变慢，以及可能加重双相障碍。

认知疗法 ：夜间清醒的患者通常会担心，如果没有获得充足的睡眠，次日他们会表现很差。这种担心可加重他们的入睡困难，导致不眠 - 担忧的恶性循环。患者可能开始将他们生活中的所有负面事件都归咎于睡眠不好。在认知治疗中，患者与治疗师一起合作来处理焦虑和灾难性思维模式，同时对失眠和睡眠需求建立起符合现实的预期。

认知行为治疗（cognitive behavioral therapy for insomnia，

CBT-I）：CBT-I是一种将前述几种方法结合起来治疗的策略。例如一个8次CBT-I项目可能包括1次引导性睡眠教育，之后2次治疗着重于刺激控制和睡眠限制。之后2次重点在认知疗法，再之后的1次治疗是关于睡眠卫生。最后，可能有1次对之前治疗的回顾和整合，还有1次治疗则处理将来的问题（如应激和复发）。鼓励患者在学习和应用这些不同策略时完成睡眠日志，这样可以评估改善情况。2015年一篇meta分析研究了20项随机试验，这些试验对超过1 100例参与者采用CBT-I治疗慢性失眠。与非积极治疗对照相比，CBT-I改善了睡眠的多种结局指标，包括睡眠潜伏期（缩短了19分钟）、入睡后清醒时间（减少了26分钟）和睡眠效率（改善了10%）。数项随机研究显示，在线CBT-I也是一种有效治疗选择，可以在一定程度上克服传统CBT-I获取难、费用高等缺点。但与面对面CBT-I相比，面对面的治疗效应更大且缓解抑郁和焦虑更为理想。

行为治疗的有效性已经得到临床证实，但通常要进行6～10次的系列治疗，而且效果直接与实施治疗的个体经验相关（不可预测性）。而且很多医疗中心不具备实施行为治疗的条件（例如缺乏专业治疗师），因此其应用受到很大的限制。

2. 失眠的药物治疗

批准用于治疗失眠的药物包括苯二氮卓受体激动剂、褪黑素受体激动剂、抗抑郁药物以及其他有助眠作用的药物等。短期使用这些药物可以帮助快速缓解失眠症状，但是对于慢性失眠来说，药物治疗不是优先选择。

一方面是药物的副作用问题，例如在用药后出现困倦、头晕、头晕目眩、认知损害、动作不协调和依赖性等。此外，大多镇静安眠药有呼吸抑制作用，因此可加重阻塞性睡眠呼吸暂停或通气不足。老年人发生药物不良反应的风险特别高，包括过度镇静、认知损害、谵妄、夜间游荡、激越状态、术后意识模糊、平衡问题，以及日常活动表现受损。研究发现，老年人在使用苯二氮卓类和非苯二氮卓类药物时发生跌倒伴严重后果的风险均升高，包括创伤性脑损伤和髋骨骨折。

如果本身在服用其他药物的话，更要谨慎使用。美国FDA曾发布过黑盒警告，警告阿片类镇痛药物或镇咳药与苯二氮卓类药物联用有严重风险和死亡可能，并推荐联合用药仅限于其他治疗选择不充分的患者。FDA还对成瘾性阿片类药物与苯二氮卓类药物的联用提出警告，并推荐对失眠患者限制剂量或考虑其他治疗方法。

另一方面药物不能从根本上解决失眠问题，因此长期使用不仅会对身体造成损害，而且还会引发其他问题，例如物质滥用导致的成瘾问题。

3. 小结

目前对于大多数慢性失眠患者，一般建议在药物治疗前先进行睡眠卫生习惯的改变，以及采用行为疗法，尤其是认知行为疗法（CBT-I）作为一线治疗。但实际情况是，因为国内缺乏认知行为治疗的条件，药物治疗成了首选。

短期失眠采用药物治疗问题不大，尤其是选择非苯二氮卓类（NBZDs）可以帮助有效缓解症状，而且也可以避免药物成瘾的问题。但如果使用药物无效，或者使用时副作用太大，则需要找寻其他的方法。

对于长期失眠（超过一个月），则不建议长期使用药物进行治疗，而应该找出导致失眠的原因从根本上进行管理。

（六）NuCalm 在失眠中的应用与优势

1. 短期急性失眠者

对短期急性失眠者来说，NuCalm 不仅可以快速缓解症状，而且还可以从导致急性失眠的原因（如亲人突然离世，高考等）入手快速恢复自主神经系统的平衡，降低急性应激对身心造成的冲击。

2. 慢性失眠者

对于慢性失眠者来说，NuCalm 有着以下优势：①非药物，无副作用，在 18 年的临床应用过程中没有一例副作用报道；②见效快，尤其是对于使用苯二氮卓激动剂有效的人。对于这个群体，甚至单独使用生物能量贴片就能见到不错的效果。原因很简单，因为生物能量贴片中植入了 GABA 和 L- 茶氨酸的频率，与口服补充剂相比，可以更快速更有效地调节脑中的 GABA 能神经元活性；③一举多得：有慢性失眠问题的人往往还有其他的不适症状，因此在使用 NuCalm 平衡自主神经系统的过程中，很多陈年旧疾往往也会不治而愈；④不论是入睡困难，还是睡眠维持困难，早醒，醒后疲乏，都可以受益于 NuCalm。具体可见本书的案例分享部分。

但是为了达到更理想的效果，建议在使用 NuCalm 之前获得顾问一对一的指导，制定个性化的使用方案。

3. 昼夜节律失调者

昼夜节律失调者其实知道该如何做（例如早睡早起对身体好），但就是做不到。例如，10 点多明明困了，却刷朋友圈刷到 12 点，有的甚至刷着刷着睡着了。如果要改变这样一种习惯，最理想的方法应该是不以人的意志为转移，不知不觉间重新建立新习惯的方法。

NuCalm 通过双耳节拍诱导脑波夹带效应，让人在不知不觉间放松下来，并进入到冥想态 / 催眠态，从而增强自我觉察和改变习惯。同时，如很多 NuCalm 使用者反馈的那样，在使用 NuCalm 的当天晚上，不到 10 点，就困得不行，是那种无法控制的困意，刷朋友圈是不可能了，结果 1 ~ 3 次就把昼夜节律失调的问题给纠正过来了。可以说，NuCalm 对恢复正常的昼夜节律是非常有效的。

4. 时差导致的睡眠障碍

当乘飞机旅行，特别是逆着地球自转的方向飞行时，身体节奏不情愿地打破它们的日常模式，各器官的同步性被破坏，体内的所有正常信号都会受到影响，包括那些在进食前释放酶和胃酸的信号，包括让您的身体在晚上睡眠，在早晨清醒的信号等。这种不同步事件或时差表示您的身体在重新校准其生物节律，试图适应不同的时间和地点。

以下是在跨两个时区飞行损耗后完成重新校准所需的典型周期：

●表现（精神状态） 3 天

●反应速度（机敏） 1 ~ 2 天

●心率 2天

●皮质类固醇（尿） 4天

●去甲肾上腺素（尿） 1天

●肾上腺素（尿） 2天

●排便 3天

●睡眠 1天

经常飞行的人，特别是职业的飞行员报告说，在飞行前、飞行中和飞行后使用NuCalm可以缓解时差反应带来的压力，迅速恢复身体的节律。研究表明，50分钟的NuCalm体验可以恢复整个自主神经系统的稳态，同时快速重置人体的生物钟。

五、抑郁症

（一）抑郁症特点：高患病率/低认知率/低就诊率

抑郁症（depression）是一种复杂的多维度、异质性疾病，也是一种全球范围内常见的精神疾病，全球累及患病人数超3.5亿。

2019年北京大学第六医院黄悦勤教授等在《柳叶刀·精神病学》发表研究文章，文章中提出在中国，抑郁症的终身患病率为6.9%，12个月患病率为3.6%。根据这个数据估算，到目前为止，中国有超过9 500万的抑郁症患者。中国女性抑郁症患者占65%。35岁以上患者占据总患者比例的67%。

一项囊括了39项研究、从1997—2015年、包括32，694的关于中国大学生群体研究表明，中国学生群体的抑郁发病率在23.8%。2019年7月24日，中国青年报在其微博上发起针对大学生抑郁症的调查。在超过30万的投票中超过两成的大学生认为自己存在严重的抑郁倾向。

北京大学第六医院院长、北京大学精神卫生研究所所长陆林认为，中国抑郁症患病实际发病率可能高于调查数据。抑郁症易患病人群包括女性、青少年、老年人、贫困人口等，还有社会压力大、作息不规律的职业人群，如媒体人、IT人等。70%的抑郁症患者因抑郁症请假中断工作，超过一半的患者认为注意力集中困难而使工作效率低于平常水平导致休病假。最严重时，抑郁症可引致自杀。每年自杀死亡人数估计高达100万人。

上海市精神卫生中心方贻儒教授曾指出中国抑郁症漏诊率高达91.3%。近5年就诊率有明显提升，2020年应该在30%左右。

（二）抑郁症的常见表现

根据《美国精神障碍诊断与统计手册》第五版，符合抑郁发作标准至少2周，有显著情感、认知和自主神经功能改变并在发作期间症状缓解。

主要临床表现包括核心症状及其他相关症状，核心症状主要为心境低落、兴趣丧失以及精力缺乏。其他症状还包括兴趣丧失、无愉快感，精力减退或疲乏感，自我评价过低、自责或有内疚感，甚至可有精神病性症状，如幻觉、妄想有的还会反复出现想死的念头或有自杀、自伤行为。70% 的抑郁症病人还伴随有焦虑症状，比如提心吊胆、紧张害怕、坐立不安、心悸等。抑郁症还会有躯体化的反应，比如失眠、食欲下降、性欲减退等生理症状，此外，认知症状也是抑郁症患者的常见症状，主要包括记忆力下降、注意力不集中、反应迟钝等。

目前公众对抑郁症的了解更多地局限在情感症状，比如情绪低落、兴趣减低、悲观、思维迟缓、缺乏主动性、饮食、睡眠差等。很多抑郁症患者有躯体症状表现。但是，躯体症状常常掩盖原有疾病，使临床医生不易及时做出抑郁症诊断，影响抑郁症的就诊率、检出率以及早期诊断。

（三）抑郁症的常见治疗方案分析

1. 药物治疗

药物治疗是抑郁症的主要治疗手段。2019 年颁布的国家医保目录中，精神兴奋药抗抑郁临床用药包括非选择性单胺重摄取抑制剂、选择性 5- 羟色胺再摄取抑制剂、其他抗抑郁药 3 个小类共 23 个药物。当前国内抗抑郁症临床药物品种结构逐渐完善，主要由选择性 5- 羟色胺再摄取抑制剂（SSRI）、选择性 5- 羟色胺及去甲肾上腺素再摄取抑制剂（SNRI）、去甲肾上腺素及特异性 5- 羟色胺抗抑郁药（NaSSA）、5-HT 受体拮抗和再摄取抑制剂（SARIs）、选择性 5-HTIA 受体激动剂和其他药物 6 个类别构成。

根据公开数据分析，2013—2018 年我国抗抑郁药市场销售从 41 亿元增长至 87 亿元，2019 年公立医院销售已经超过 90 亿元。

与心理治疗、物理治疗相比，药物治疗见效快，使用方便。而且与美国相比，中国擅长抑郁症心理治疗和物理治疗的专业人士数量少，相关服务缺乏。

但是抗抑郁药物只对部分抑郁症患者有效（1/2 ~ 2/3），而且对于使用有效的人群，也存在副作用大，甚至可能自杀概率增加的风险。

抗抑郁药物在治疗过程中副作用的发生率高，约为31% ~ 60%，>80% 患者至少出现 1 种不良反应，平均每例患者出现 4 种不良反应，其中很多不良反应对患者造成显著的困扰，甚至影响到日常功能。

2. 心理治疗

约有一半的抑郁症患者在服用抗抑郁药物后抑郁症状会有效缓解。但是即使是对这一部分人来说，单纯靠药物是很难从抑郁回到正常的。对于另外一半使用药物无效的患者该何去何从？对使用药物有效的儿童和青少年又该如何权衡利弊？

20 世纪 70 年代，人际心理治疗（interpersonal psychotherapy，IPT）被研发用于抑郁症的治疗。IPT 重点在于改善与当前抑郁发作直接相关的有问题的人际关系或情况，是一种实用的人性化疗法。IPT 单一疗法不仅用于治疗轻到中度抑郁，而且也可用于治疗其他精神疾病，包括双相障碍、进食障碍和焦虑障碍。使用单光子发射计算机断层扫描和正电子发射计算机断层扫描的神经影像学研究表明，采用 IPT 成功治疗重度抑郁后，脑功能发生改变，局部脑代谢异常恢复正常。

认知行为治疗则通过引导患者正确认识和改变对自身及外部世界的不现实的消极观念，以此来缓解抑郁症状。

3. 营养疗法

已有证据表明，抑郁症与饮食有密切关系。例如小麦中的麸质会增加罹患抑郁、焦虑、精神分裂等疾病的风险。如果一个人的抑郁症与麸质有关，往往还伴有其他的比如腹泻、睡眠障碍等问题。对于这一类抑郁症患者，采用无麸质饮食不仅可以快速缓解抑郁症状，而且还可以同时改善其他症状，并有可能在短时间内帮助患者彻底摆脱抑郁症。

对于使用 SSRIs 抗抑郁药物无效的患者，其中一个可能的原因就是他们合成血清素的能力大大降低，即使药物抑制了血清素的再摄取，那神经突触间血清素的水平仍然达不到正常水平，因此结果就是症状没有改善。对于这一类，则可以通过调节饮食（如增加色氨酸）或者使用膳食补充剂提高色氨酸的合成，从而改善抑郁症状。

另外一个关于抑郁症发生机制的说法是：抑郁症是一种炎症反应。基于这个观点，任何降低炎症反应的方法对于抑郁症的改善都会有所帮助。例如，有些食物（如反式脂肪）是促进炎症的，新鲜的绿叶蔬菜是减少炎症反应的。通过改变饮食可以得到从根本上治疗抑郁症的效果。但是改变饮食真的不是一件容易的事情。如果观察过抑郁症患者的饮食，很多是非常不健康的，而且饮食习惯也不好（如暴饮暴食），但是在抑郁的状态下，主动改变真的很困难。因此服用膳食补充剂或家人来提供帮助可能是一个解决方案。

4. 运动疗法

体育运动，尤其是有氧运动，可以改善情绪，减轻焦虑，增进食欲、睡眠、性兴趣、性功能和自尊。同时，运动还能使大脑中与抑郁症相关的化学物质失衡转向正常。很多运动本身是团体运动，还可以通过提供良好的积极的社会支持来帮助抑郁症患者得到改善。

5. 光照疗法

季节性抑郁是由于冬季缺乏阳光引起的。补充人造光线可以成功地治疗这种抑郁症。每天在特殊的装置面前接受光照半个小时，可以改善 60% ~ 80% 的冬季抑郁症患者的情绪。

6. 其他疗法

如中药、针灸、音乐疗法、TMS（经颅磁疗法）。TMS 无痛、无创的绿色治疗方法，通过低强度微量电流刺激大脑，改变患者大脑异常的脑电波，促使大脑分泌一系列与焦虑、抑郁、失眠等疾病存在密切联系的神经递质和激素来治疗。

（四）NuCalm 在抑郁症防控中的应用

1. 换个角度看待抑郁症

2018 年欧洲的一项 100 名抑郁/焦虑患者参与的实验发现，NuCalm 可以快速降低 LF/HF 比值，增强副交感活性。与血清素学说相比，GABA 学说鲜为人知。但实际上，GABA 能缺陷导致抑郁症的证据却不少。研究发现抑郁症患者的血浆和脑脊液 GABA 含量低于同龄对照组。质子磁共振波谱研究则发现枕叶、前扣带回和背外侧前额叶皮层的 GABA 水平显著低于对照组。在抗抑郁药无效的抑郁症患者中，GABA 缺陷更为明显（-50%）。另外，超过一半的抑郁症患者同时还有焦虑问题，如果以 GABA 作为靶点，则可以同时改善抑郁与焦虑，显然效果优于单以血清素作为靶点。

2013 年研究发现：与对照组相比，抑郁组的 SDNN，SDANN，RMSSD，PNN50 和 HF 值较低（$P<0.05$）。抑郁组的 LF 平均值高于对照组（$P<0.05$）。此外，抑郁症组的 LF / HF 比值高于对照组（$P<0.05$）。抑郁的严重程度与 HRV 指数之间存在线性关系。在抑郁症组中，心律失常的患病率显著高于对照组（$P<0.05$），尤其是室上性心律失常。

2.NuCalm 三合一系统

NuCalm 三合一系统基于神经科学技术，获得了世界上第一个也是唯一一个用非药物方法维持自主神经系统功能的专利。

其中的生物能量贴片中带有 GABA 和 L- 茶氨酸的频率，可以快速有效恢复 GABA 能神经元功能（抑郁症患者存在 GABA 能缺陷）。对于伴有焦虑、失眠问题的抑郁症患者，生物能量贴片则可一举多得，同时改善抑郁、焦虑与失眠。

NuCalm 系统的核心——神经声学软件借助双耳节拍技术产生脑波夹带效应，让大脑进入 Alpha（放松状态）和 Theta（修复与疗愈），不仅可以恢复脑内神经递质平衡，而且还可以修复抑郁症患者已经有的创伤，改变认知，彻底疗愈抑郁症。

更重要的是，对于抑郁症患者来说，NuCalm 不仅有效，而且操作简单，见效快，可以同时改善抑郁症状及抑郁症患者常伴有的焦虑、睡眠障碍等问题，而且能有效增强副交感，抑制交感，恢复自主神经系统功能，帮助抑郁症患者回归正常生活。

六、癌症

中国是全球新增癌症病例最多的国家，也是每年因癌症死亡人数最多的国家。

随着科普教育的进行，公众对癌症有了越来越多的了解，似乎每个人都会认识一个到几个罹患过癌症的人。但我们对癌症的恐惧并没有因为了解更多而减少，谈癌色变还是常态，被癌症吓死的也不在少数。而在美国，因为担心将来会罹患癌症而进行基因检测，甚至做预防性手术的人也越来越多。安吉丽娜·朱莉（Angelina Jolie）就是其中一位。因为祖母四十几岁时罹患卵巢癌并因此去世，母亲在 56 岁时被诊断为乳腺癌和卵巢癌，朱莉亲眼看见了母亲离世前的痛苦，这一切对她来说都是极大的创伤。她不希望自己的孩子过早失去母爱，曾因为一度生活在患癌恐惧中，而患上高血压。朱莉是一位坚强乐观的女性，当她得知可以通过预防性手术来降低将来罹患癌症的风险时，她毫不犹豫地做出了选择。2013 年，她做了预防性双侧乳腺切除。2015 年，又做了卵巢和输卵管切除。从朱莉的经历我们可以看出，人们对于癌症的恐惧是多么的深刻，而这种恐惧无疑会增加罹患癌症的风险。

癌症干预中被忽略的关键点

关于癌症的理论与假设很多，近些年免疫治疗、靶向治疗、中医药治疗、营养治疗（特殊食疗、膳食补充剂等）、引导想象治疗、能量治疗、心理治疗、互助组等都有相关案例证实其有效性，但在临床使用的主流干预方法仍然是手术治疗、化疗和放疗。另外，癌症干预和预防中的一些关键问题多数时候被忽略了，而这些关键问题直接影响着癌症的综合干预效果，对预防癌症复发更是起着至关重要的作用。本书将侧重于说明这些被忽略的关键问题，并分享 NuCalm 是如何帮助解决这些问题的。

（一）如何快速度过诊断为癌症后的急性应激期

为什么从来没有得过癌症，也没有经历过癌症治疗痛苦的人，会对癌症如此恐惧呢?

这是因为人类的恐惧除了来自实际的威胁，比如面对凶猛的动物时，经历地震、海啸等自然灾害时的本能的害怕，恐惧还可以来自记忆与想象。例如在电视上看到过癌症致死的种种信息、听说过某个朋友在罹患癌症后所经历的一系列痛苦，都会导致我们“谈癌色变”。恐惧会让我们心跳加快，呼吸急促，甚至晕倒，这些是不少人在得知自己患了癌症那一刻时的常见现象。因为在那一刻，人会处于急性应激状态，恐慌、大脑一片空白，接下来会想到死亡，不知所措。那一刻可能持续几分钟，也可能持续几天，几周。为什么区别如此之大? 简单地说，因为每个人的抗压能力不同，所以有的人很快控制住了自己的情绪，让自己可以理性分析，从容对待。但是多数人在这个阶段非常痛苦，很无助，甚至绝望。在最需要人支持帮助的时候，却不得不选择一个人承受。这个阶段是不包括在治疗方案之中的。其实这个阶段患者是否能够安然度过（没有选择自杀），或者是否能快速调整、理性地对待，配合医生制定最适合自己的治疗方案，不错过最佳治疗时机（尤其是对于年轻患者，或者扩散非常快的癌症）都至关重要。可事实上，多数情况下，这个人生中的艰难时刻往往是患者一个人孤零零地面对，结果如何似乎不在我们的控制之内。但是真的没有办法可以帮助她/他快速地恢复平静和理性吗？在遇到 NuCalm 之前，的确没有太好的办法，哪怕身边有亲人的陪伴和安慰，急性应激反应还是非常强烈，短时间内难以平复。更不用说，本就想瞒着亲人自己独立承担的患者了，一个人默默地承受。但 NuCalm 改变了这种状况。作为一种革命性的技术，NuCalm 可以说是到目前为止，我们能找到的应对急性应激反应最有效的方法。

NuCalm 的优势与独特性：诊断为癌症对于人来说是一种巨大的威胁，会引起人的本能反应。交感神经（战斗或逃跑）会被激活，从而出现心慌、出汗、颤抖等常见的恐惧反应。而副交感神经（休息和消化）会被抑制，会导致吃不下、睡不着。NuCalm 可以在几分钟内就让交感"冷静"下来，而副交感的抑制被解除，从而减轻甚至消除上面的恐惧反应。另外，NuCalm 还可以促进增强额叶的功能，这意味着我们可以更理性地去思考，评估遇到的威胁的程度，从而做出合理的决定。而且与其他方法相比，NuCalm 无须依靠他人，也不需要到特定的地方去，自己就可以操作。因此如果本人不希望家人担心，不想要告诉他们，也可以直接借助 NuCalm 来安全快速地度过这个恐惧期。

NuCalm 的使用方法：①在被怀疑可能罹患癌症时就开始使用，确保在等待结果期间能保持稳定的情绪、良好的睡眠，这样不管是否最终确认，也避免了对身体造成进一步的伤害。根据焦虑程度，可以一天使用 1 ~ 3 次 NuCalm 三合一系统。②在取诊断结果时，可以提前贴好生物能量贴片，这样可以减少得知结果那一刻对身体造成的创伤性反应的强度。然后尽快使用 NuCalm 三合一系统，并从那一刻起开始常规使用，进行癌症的全程管理。

（二）如何缓解治疗期间常见不良反应

拿乳腺癌来说，作为女性癌症中发病率非常高的一种癌症。在发现后通常会采取手术切除和化疗。这种干预方案的优势在于原理清晰、临床流程已经标准化，临床经验累积比较多，结果可以预期。但是不可否认的是其伤害性大，副作用大，造成的身心创伤大，例如在化疗期间，恶心、呕吐、掉头发是常见的副作用；吃不下睡不着是正常状态；免疫力下降、疼痛不适是不可避免的。如果能够减轻这些不良反应，对于患者来说相信会帮助非常大。

理想的状况是：①在保证效果的前提下，能尽最大可能减少化疗的次数，从而降低化疗带来的副作用以及化疗本身对身体的伤害。②在化疗期间，能够保证睡眠，提高免疫力。

如何做到呢?

首先要对化疗期间患者身心发生的变化有深入的理解。这不仅仅是肿瘤科的事情,而是一个综合性的问题,涉及心理学、神经科学、免疫等多个学科。在美国有一门学科叫心理神经免疫学,而赫拉尼基博士就是心理神经免疫学领域中的一位领军人物。她在癌症的心理神经免疫学研究以及综合康复方面做出了巨大的贡献。赫拉尼基博士制定的综合癌症康复项目已经在西蒙顿癌症中心大规模地推广。数千名医生护士以及医疗保健专业人员都经过了她的严格培训,上万名癌症患者因此受益。赫拉尼基博士还是美国卫生研究所的创始人和主席,并且在应用 NuCalm 进行癌症病人的管理方面做了很多的研究,为 NuCalm 的应用提供了数据支持。

塔曼医生则相信通过使用 NuCalm,可降低交感活性,增强副交感活性,在短短 3 周内就可以显著增加白细胞吞噬外来侵入者(如细菌)的能力。

因此,NuCalm 的确可以做到在保证效果的前提下,减少化疗的次数,同时还能大大改善常见的化疗带来的各种不良反应,保证睡眠质量,提高免疫力,加速康复。

(三)减少恐惧焦虑

在治疗前,相信很多患者和他们的家人都会在选择治疗方案上纠结犹豫焦虑,但是一旦决定了,开始治疗了,焦虑情绪会有所缓解。但是随着治疗期间开始出现各种不良反应,听到各种说法和方法,就会出现第二阶段的恐惧焦虑反应——不确定自己的选择是否是对的,不确定是否要换一种疗法,不确定是否要同时进行其他的疗法等等。

NuCalm 是一种天然的抗焦虑技术。简单点说，它不以人的意志为转移，直接作用于大脑，改变脑电波，让我们进入到深度放松的状态。因此在说教无用，陪伴无效的情况下，NuCalm 却可以让人身心恢复平静，改变认知，认识到没有一种方法是 100% 的，能够客观地去判断别人提供的信息，理性的思考，做出适合自己的决定。

使用方法：一天使用 3 次 NuCalm 三合一系统（早上起床后，化疗前，晚饭前或者睡前（如果入睡困难的话）），这样不仅可以快速地修复化疗带来的损伤，而且还可以保证身体得到充分的休息。

（四）保持治疗期间的生活品质

很多人在被诊断为癌症后，人生彻底改变了。事业前程都不再重要，只想活着。每天只有治疗，脑子里全是癌症，眼里看到都是各种相关的消息。哪里来的生活品质？最关键的是很多人认为这是常态。可试想一下，这样的常态带来的必然结果是什么？

NuCalm 是一个三合一的系统，从多个角度对人体，尤其是人的神经系统、免疫系统进行调节。在治疗期间建议早上用一次（增加体力和精力），治疗前用一次（降低焦虑，减少副作用），治疗后用一次（提高免疫力，加速修复）。晚上睡觉前单独使用 NuCalm 系统中的生物能量贴片，促进入睡，增加睡眠深度，减少噩梦。如果按照这样的操作进行，在整个治疗期间，可以照样吃得下睡得着，心态也会更加积极，因此治疗的效果会大大增强。

（五）降低复发的风险

因为经历过才知道有多痛，这是很多癌症患者的心声。这种痛会在我们的心里留下深深的烙印，让我们恐惧它的再次发生。而因为不知道何时会发生，无法控制，无从下手，自然而然会恐惧焦虑。这种恐惧焦虑时时刻刻折磨着自己，该如何去做？有的人选择将其藏起来，努力控制自己不去想，但是这样做需要的时间很长。有的人选择去进行心理治疗，希望能减少一些。有的人则选择认知行为治疗，让自己活在当下，感恩自己还活着，而不是去担心还没有发生的事情。心理治疗和认知行为治疗是很不错的干预方法，但是这两种方法的效果都取决于治疗师的水平。而目前在中国这两个领域的专业治疗师数量极其有限，于是现状是：多数人选择了第一种，让时间慢慢地疗愈，让自己渐渐地淡忘。

NuCalm 可以让我们更有效地解决这个问题。

NuCalm 可以从根本上加强额叶区对于杏仁核（恐惧）的调控，并通过对海马区（记忆）的影响，让曾经的记忆与恐惧之间的连接断开，让我们不再受到过去记忆的影响和困扰，从而真正摆脱过去经历留下的阴影。

（六）做好癌症家庭全管理

一个人得癌症，全家受影响。癌症干预不是短时间的事情，是数月甚至几年的事情。而在这段时间里，患者本人自己承受着很大的压力，经受着治疗和疾病本身带来的痛苦，但是家人所承受的一点也不少。而且家人的抗压能力、身体状况、经济能力等都会直接影响患者的情绪、方案选择以及干预的效果。因此，癌症的综合干预和预防方案的制定应该是以家庭为单位的。但事实上，在进行癌症干预时，却很少有人顾及癌症患者家庭的状况，更没有给予足够的帮助与支持。

NuCalm 系统不仅科学有效，而且可以全家人一起使用，同步改善家人的抗压能力、情绪和认知，创造一个积极乐观正能量的家庭氛围，让家庭成员之间彼此影响，彼此支持，从而可以最大程度地保证患者的康复，以及最大可能地降低癌症给患者本人及其家庭带来的伤害。

（七）小结

压力会导致各种心理问题，也会直接影响我们的神经系统、免疫系统。癌症的发生是多因素共同作用的结果，其中压力是一个核心因素。如果在癌症的干预和预防中忽略了压力的管理，可想而知，结果不会特别理想。而 NuCalm 作为建立在神经科学基础上的一个能有效平衡自主神经系统的系统，可以快速缓解压力，降低焦虑指数，增强副交感，促进身体进入副交感优势的休息和消化模式，让身体能够更好地疗愈。

因此，在癌症的防控方面，尤其是在已经罹患癌症的情况下，NuCalm 可以有效地减少急性应激和长期慢性应激，提高我们的免疫力，增强或者说加速我们的疗愈，它是一种安全快速有效的方法，可以全程帮助患者康复、预防再次复发。而对于家庭来说，一个家庭有一个癌症患者，全家人都会处于焦虑状态。我们希望 NuCalm 可以成为癌症家庭或者正在为癌症患者服务的专业人士的一个有力工具。

七、疼痛管理

疼痛已被确认为继呼吸、脉搏、体温和血压之后的“人类第5大生命指征”。慢性疼痛更是作为一种严重影响患者生活质量和工作质量的疾病，已引起全世界的高度重视。国际疼痛研究协会对疼痛的定义是：由真正存在或潜在的身体组织损伤所引起的不舒服的知觉和心理感觉。

2000年，WHO提出，“慢性疼痛本身就是一类疾病”。国际疼痛学会决定从2004年开始，将每年的10月11日定为“世界镇痛日”，中华医学会也将每年10月的第3周定为“中国镇痛周”。2006年，包括韩济生在内的18位院士联名上书中央，呼吁在国内成立疼痛科。2007年7月16日，卫生部下发227号文件，宣布在二级以上的医疗机构增设疼痛科。但截至目前，全国三甲医院中开设疼痛科的比例不到一半，二级医院更是不到10%，多数医院只是象征性地开设了疼痛门诊，由麻醉科医生和骨科医生轮流坐诊，最常用的手段是开止痛药。而且在很多中国人的认知中，为了疼痛去看病是奇怪的事情，而有痛忍着才是好汉。这种认知直接导致很多人错过了最佳的治疗时机，结果是发展成严重的慢性疼痛性疾病，不仅自己遭罪，而且很有可能无法恢复，一辈子负痛前行。

根据美国NIH数据，2011年，慢性疼痛在美国成年人口中所占比例为10%~50%，美国有一半人看医生是因为疼痛，而很多员工因为疼痛误工甚至无法工作，每年给美国企业造成的损失为610亿美元。因此，正确的认识疼痛，有效的管理疼痛（尤其是用非药物的方法管理慢性疼痛是非常必要的）不仅关系到个人的健康和生活品质，而且对于整体经济来说也是一个急需解决的问题。

（一）疼痛的评估

疼痛感受是大脑接收到认知、感觉与情感三层面讯息输入的交互影响，是经过整合后产生的反应输出结果。疼痛的感受未必跟刺激的强度成比例。例如，同样是刀割了手，有的人会痛得尖叫，有的人则面不改色心不跳。因此，在理解和管理疼痛时，一定要考虑到人的主观感受因素。

疼痛的评估比较困难，在临床上，都是以病人主观描述为主，医生根据病人的描述进行客观判断。除了常规评估原则之外，还有量化评估原则。常用的有：①数字分级法（NRS）：将疼痛程度用0～10个数字依次表示，0表示无疼痛，10表示能够想象的最剧烈疼痛。交由患者自己选择一个最能代表自身疼痛程度的数字，或由医护人员协助患者理解后选择相应的数字描述疼痛。按照疼痛对应的数字，将疼痛程度分为：轻度疼痛（1～3），中度疼痛（4～6），重度疼痛（7～10）；②面部表情疼痛评分量表法：由医护人员根据患者疼痛时的面部表情状态，对照《面部表情疼痛评分量表》进行疼痛评估，适用于自己表达困难的患者，如儿童、老年人、存在语言文化差异或其他交流障碍的患者；③主诉疼痛程度分级法（VRS）：主要是根据患者对疼痛的主诉，可将疼痛程度分为轻度、中度、重度三类。

●轻度疼痛：有疼痛，但可忍受，生活正常，睡眠未受到干扰。

●中度疼痛：疼痛明显，不能忍受，要求服用镇痛药物，睡眠受到干扰。

●重度疼痛：疼痛剧烈，不能忍受，需用镇痛药物，睡眠受到严重干扰，可伴有自主神经功能紊乱。

（二）疼痛的干预

1. 药物干预

据有关资料统计，非甾体抗炎药是目前世界市场上销售额领先的药物之一，年销售金额约 70 亿美元。其中萘普生占有重要位置，它和布洛芬一起占据非甾体抗炎药的近一半市场份额。在美国非甾体抗炎药物中，萘普生占据 20% 的市场份额，列第二位，仅次于布洛芬。亚洲首个针对慢性疼痛患者自我用药习惯的调查结果显示，约六成慢性疼痛患者在自行使用止痛药。流行病学调查结果显示，80% 的人出现疼痛、感冒等不适症状时会自行买药治疗，其中购买最多的就是止痛药。在国内，止痛药的销量仅次于抗感染药物，排名第二。然而，大部分人只知道它能迅速、快捷地缓解疼痛，却很少了解它什么时候该吃，什么时候不该吃，要怎么吃。在中国，止痛药销量最多的城市前五名分别是：上海、北京、成都、杭州和济南。仅济南一个城市，每个月就要销售 2 万多盒止痛药。粗略推算，全国每年在零售药店销售的止痛药就有上亿盒。据估计，止痛药的全球处方量已达两亿张，非处方药用量更为普遍。每天有几亿人次服用，其药费开支仅次于用于心血管疾病的医药费用。

（1）非甾体抗炎药（NSAIDs）

在止痛药中有一类就是通过抑制炎症反应来达到缓解疼痛的目的，那就是非甾体抗炎药（NSAIDs）。常见的非甾体抗炎药为阿司匹林、布洛芬和萘普生。每天，大约 1 700 万美国人服用此类止痛药。它们通过抑制一种被称为前列腺素的物质的产生来起作用，这种物质可触发疼痛和炎症。NSAIDs的处方药和非处方药应用最适合的是紧张性头痛、轻度偏头痛、腰痛、骨关节炎、肌肉酸痛或肿胀。但因为过量或者长时间（超过 10 天）使用 NSAIDs 会导致肠道出血、肾功能衰竭、心脏病发作（尽管萘普生带来的风险更小）、胃溃疡和中风，因此务必遵医嘱服用。

（2）对乙酰氨基酚

是另外一种最常用的止痛药。在感冒发烧头痛的时候，我们会经常用到这一类药物。它可以同时解热降温止痛。对乙酰氨基酚更适合于反酸或溃疡患者，但是过度使用容易带来肝损害，美国每年有 80 000 人因此被送进急救室。美国 FDA 限定对乙酰氨基酚的每日最大摄入剂量是 4 000 mg，超过此剂量会导致肝中毒的发生，如果摄入者酗酒或有肝病，情况就更堪忧。专家建议，一天内摄入对乙酰氨基酚最多不要超过 3 250 mg。

（3）羟考酮和氢可酮

属于阿片类止痛药，通过与阿片受体结合阻止疼痛信号传导至大脑，但是它们不直接解决导致疼痛的根源问题。这类药物具有高度成瘾性，一项涉及 39 项研究的分析发现，与服用安慰剂相比，慢性疼痛患者长期服用阿片类药物并不会减缓他们的疼痛，反而会增加药物过度使用的风险。因此如果必须服用阿片类药物，务必限制用量，只将它们用于短期疼痛治疗，例如术后镇痛。否则，尽量不要用。实践表明，即使是短期使用，阿片类药物也会导致包括腹部痉挛、便秘、恶心、呕吐、嗜睡等副作用。

（4）舒马曲坦和利扎曲坦

属于曲坦类药物，能够通过收缩血管来治疗偏头痛，可在2小时内缓解严重的偏头痛，但是不建议患有高血压、心脏疾病、胸痛，或周围血管疾病的患者使用这类药物，因为它们会使这些疾病加重，并有可能导致心脏病发作。

（5）肌肉松弛剂

如环苯扎林（Fexmid）和美他沙酮（Skelaxin）等，这类药用来治疗背部、颈部疼痛，以及由肌肉痉挛引起的其他疼痛。但是研究显示它们不适合治疗慢性疼痛。如果有脑瘫、多发性硬化、中风等疾病，可储备一些肌肉松弛剂作为严重的颈部、背部痉挛、肌肉强直等急性用药。如果您有肝脏疾病或对乙酰氨基酚、布洛芬不能耐受，短期来说，您可以选择肌肉松弛剂。65岁以上的老年人应该避开肌肉松弛剂，因为它们可能增加跌倒风险。

（6）注射皮质类固醇

注射皮质类固醇可以短期内缓解颈部、肩部和背部疼痛，不过它具有硬膜外脓肿的风险——可导致尿失禁、尿滞留、发烧、难解的背痛。另外，FDA也发出警告，这种方法具有一系列罕见但严重的副作用，包括视力下降、中风、瘫痪，甚至死亡。

2. 针灸按摩

一些证据表明，针灸可以缓解腰部、颈部和膝盖疼痛，减轻头痛和偏头痛的发作频率。也有多项研究将针灸与安慰对照组做对比——安慰对照组中针不刺入皮肤或随机刺入身体某些点，一些结果发现，针灸有时候比安慰对照组稍微好一点，更多结果发现，安慰对照组也一样有效，与不接受任何治疗的人相比，针灸和安慰对照组都有效。这种疼痛管理方法只能由那些持证的医生操作实施。按摩有助于缓解头痛以及背部、臀部、膝盖和颈部的肌肉、关节疼痛。

3. 正念冥想

越来越多的研究表明，正念疗法可以帮助放松身心和缓解疼痛，无论是急性疼痛还是慢性疼痛。犹他大学正念与综合健康干预发展中心主任 Eric Garland 博士说过，“通过关注痛苦感觉，如发热、紧绷或刺痛等纯粹感官方面，可以消除疼痛带来的情绪叠加，更容易应对正在经历的那些感受。”Garland 认为，学会专注于疼痛感，能帮助获得更大的疼痛缓解。正念帮助人们更准确地感知自己的身体，并与正在发生的事情保持联系，而不会产生多余的负面情绪。

4. 生物反馈

人们可以通过深呼吸、放松肌肉等方法控制、监测疼痛，以及其他的非自主的身体活动，例如心率、皮肤温度、肌肉紧张度、血压等。有些研究发现生物反馈适用于压力导致的疼痛，例如背痛、偏头痛和紧张性头痛。生物反馈的一个优点是几乎没有风险和副作用。

5. 神经电刺激

通过对疼痛区域施以电流，刺激相关神经，从而缓解疼痛。Melzach 和 Wall 在 1965 年提出疼痛“门控理论”，为神经刺激缓解疼痛提供了理论基础。目前，这种疗法被广泛地用于各种疼痛的治疗，例如深部脑刺激、外周神经刺激、经颅直流电刺激、脊髓刺激。针对具体神经的刺激也用来控制疼痛或发挥其他神经调节作用，如舌下神经、枕大神经、翼腭神经、三叉神经及迷走神经等。神经刺激可以回避药物治疗带来的全身不良影响，一些专家建议将神经刺激作为早期治疗。

6. 认知行为治疗

研究表明认知行为治疗可以帮助预防偏头痛和颈部头痛，缓解慢性腰痛。心理辅导、谈话疗法、教授患者学习应对和放松技巧，以及结合行为改变，有助于缓解疼痛。一般来说，消极想法会加剧疼痛的感觉，在认知行为治疗中，最重要的是教会患者切断消极想法。负面情绪，例如焦虑、抑郁、恐惧会刺激大脑参与疼痛感觉的化学物质，因此减少它们不仅能让患者精神上好受一点，也能使他们疼痛少一点。

7. 止痛贴膏

如 Bengay（肌肉酸痛药膏）、Icy Hot（止痛膏）等，它们含有辣椒素、水杨酸甲酯等诱导剂，可产生发热或清凉的感觉。在上述两种药物中，它们的有效成分可以刺激神经，并产生一种温和的感觉，暂时缓解疼痛。与冰敷不一样，冰敷能够减少炎症。

（三）常见疼痛类型与相关方案

按疼痛持续时间可分为急性疼痛和慢性疼痛。按发病部位可分为头痛、肩痛、腰痛和腿痛等。按机理分为伤害刺激性、神经源性、炎症性。按影响人群数量分的话，常见疼痛类型为：肌肉疼痛（肌筋膜综合征）、头痛、关节疼痛、游走性疼痛、癌痛等。

1. 肌筋膜疼痛综合征

肌筋膜疼痛综合征（myofascial pain syndrome）是一种慢性的肌肉疼痛。疼痛一般以肌肉上的某些敏感位点（称为触痛点或压痛点）为中心，扩散至周围的肌肉。与肌肉疼痛不同，肌筋膜疼痛不会在一两天内消失，往往会持续或恶化，而且可发生在很多不同的部位，引起头痛、下颌痛、脖子痛、腰背痛、骨盆疼痛、手臂和腿部疼痛等。高达 85% 的成年人在不同时期会出现不同程度的 MPS 问题。

肌筋膜疼痛综合征的常见症状

●肌肉疼痛。

●疼痛可持续或恶化。

●肌肉僵硬。

●受累肌肉附近的关节变得僵硬。

●受累肌肉感觉很紧，就像打了个结似的，而且对触碰很敏感，一碰就疼。

并发症

随着时间推移，肌筋膜疼痛综合征可能会导致一些并发症：

●肌无力：虽然肌肉中的触痛点本身对肌肉无害，但其带来的疼痛可能会让您不想或不敢运动受累部位，时间久了，这些长期不活动的肌肉会变得无力。

●睡眠问题：肌筋膜疼痛综合征引起的疼痛可能使您难以入睡。您可能找不到一个舒适的睡眠姿势，或者睡着时不小心碰着了触痛点而被痛醒。

●纤维肌痛：一些研究表明，肌筋膜疼痛综合征有时可进展为纤维肌痛。纤维肌痛是一种常见的慢性疾病，其主要症状为身体的多个部位有触痛感、多处骨骼肌不适、早晨起床后四肢僵硬、乏力，以及有睡眠障碍。一般认为，纤维肌痛是因为大脑对疼痛信号变得过于敏感造成的。肌筋膜疼痛综合征可能是它的一个触发因素。

风险因素

肌筋膜疼痛综合征的发生是因为肌肉中有触痛点。引起这些触痛点的风险因素包括：

●创伤导致肌肉受损，局部炎症反应没有得到及时的修复。

●如过度使用活动、异常姿势导致。

●本身有脊椎病、脊柱侧凸、骨关节炎等问题。

●有甲状腺功能减退、维生素 D 缺乏、缺铁等问题。

●精神压力比较大或经常焦虑的人更容易产生肌肉触痛点。

干预与治疗

MPS 的传统康复治疗方法包括肌肉松弛剂、热疗、针灸以及按摩等，这些治疗方法在近年有一些发展与改进。然而不同医疗人员与医疗机构所开展的治疗方法仍存在很大的差异，没有统一的规范，同时也缺少循证医学的证据。

药物治疗：目前常用于 MPS 治疗的药物包括肌松药（如替扎尼定（tizanidine）- α2- 肾上腺素受体激动剂和环苯扎林（cyclobenzaprine））、苯二氮卓类药物（如氯硝西泮（clonazepam）、阿普唑仑（alprazolam）和地西泮（diazepam））、非甾体消炎药（如阿司匹林、对乙酰氨基酚、布洛芬等）、抗抑郁药（如阿米替林（amitriptyline）、去甲替林（nortriptyline）、氟西汀（fluoxetine）和西酞普兰（citalopram））和外用镇痛药物（如利多卡因贴片、水杨酸甲酯贴片等）

物理疗法：电刺激疗法（如经皮神经电刺激（TENS））、电抽搐肌内刺激（electrical twitch obtaining intramuscular stimulation，ETOIMS））、超声波与体外冲击波（增强局部组织的代谢循环，促进肌筋膜组织再生、延伸，从而达到缓解局部疼痛和治疗的效果）、激光治疗（用于 MPS 软组织的治疗）等物理疗法通常具有无创、经济的优点，并且安全性更高，副作用少，尤其适用于不愿意接受注射或其他有创伤治疗的患者。

毒素类药物注射：肉毒毒素（BTX）是一种神经毒素，可以抑制神经肌肉接头处乙酰胆碱神经递质的释放，从而抑制骨骼肌收缩。因具有镇痛和肌肉松弛的作用，神经毒素可能通过缓解肌张力，阻断皮肤和深层组织的外周感觉神经纤维的信号传人，抑制神经病变性疼痛。

节段性神经肌肉疗法：触发点的周围伤害性敏化可导致中枢敏化和脊髓节段性敏感（spinal segmental sensitization，

SSS），从而在受累的肌肉节段内引起继发性触发点，进一步引发 MPS 疼痛的慢性化。节段性神经肌肉疗法（segmental neu-romyotherapy，SNMT）通过使受累脊髓节段脱敏和消除外周敏感致痛源的技术来减轻和消除中枢敏化，从而显著缓解患者疼痛。

NuCalm 的作用机理与效果

结合导致 MPS 的风险因素，我们来谈一下 NuCalm 对于 MPS 有哪些帮助?

●急性创伤后如果没有得到及时的修复，有可能导致 MPS。NuCalm 在急性创伤后会降低炎症反应，同时增强免疫系统，增加创伤部位的血流，帮助机体快速修复，避免 MPS 的发生。

●压力与焦虑会导致肌肉长期处于紧张状态，有可能导致 MPS。NuCalm 是天然的抗焦虑技术，可以有效地降低压力水平，还可以彻底放松身体（副交感优势状态），因此将大大降低因为压力或者焦虑导致的 MPS 的发生。

●与其他方法相结合。例如在其他治疗的同时配合使用 NuCalm 可以大大加快症状缓解的速度和疗愈的速度。

●对于因为某些慢性疾病（如甲状腺功能减退）引发的 MPS，NuCalm 则可以一举多得，同时改善慢性疾病与 MPS 的问题。

2. 头痛

头痛（headache）属于最普遍的神经性障碍，也是全科医学中最常见的症状。根据头痛发生病因，国际头痛协会于 2004 年制定的第二版“头痛疾患的国际分类”将头痛分为 3

大类：①原发性头痛（the primary headaches）：包括偏头痛、紧张型头痛等。偏头痛的平均终生患病率为 18%，紧张型头痛比偏头痛更为常见，终生患病率约为 52%；②继发性头痛（the secondary headaches）：包括头颈部外伤、颅颈部血管性因素、颅内非血管性疾病、感染、药物戒断、精神性因素等多种原因所致的头痛。③颅神经痛、中枢性和原发性面痛，以及其他颜面部结构病变所致头痛及其他类型头痛。

头痛治疗包括药物治疗和非药物物理治疗两部分。治疗原则包括对症处理和原发病治疗两个方面。对于病因明确的继发性头痛应尽早去除病因，如颅内感染应抗感染治疗，颅内高压者宜脱水降颅压，颅内肿瘤需手术切除等。止痛药物包括：非甾体抗炎止痛药、中枢性止痛药和麻醉性止痛药。非甾体抗炎止痛药具有疗效确切，没有成瘾性的优点，是头痛最常使用的止痛药，这类药物包括阿司匹林、布洛芬、吲哚美辛、扑热息痛、保泰松、罗非昔布、塞来昔布等。以曲马多为代表的中枢性止痛药，属于二类精神药品，为非麻醉性止痛药，止痛作用比一般的解热止痛药要强，主要用于中、重度头痛和各种术后及癌性病变疼痛等。以吗啡、哌替啶等阿片类药为代表麻醉性止痛药，止痛作用最强，但长期使用会成瘾。这类药物仅用于晚期癌症病人。除此，还有部分中药复方头痛止痛药，这类药物对于缓解和预防头痛有一定帮助。

头痛非药物物理治疗包括：物理磁疗法、局部冷（热）敷、吸氧等。对慢性头痛呈反复发作者应给予适当的治疗，以控制头痛频繁发作。肌触点射频针止痛术被认为是安全、可靠的治疗偏头痛的微创方法。肌触点射频针止痛术以西医人体解剖学为基础，从患者的症状出发，在相应的肌肉筋膜上找到结节点（结节点可能不止一个），用针灸针最细的毫针或者射频针将结节点打开，将恒温 42℃射频能量作用于触发点（“疼灶”），10 ~ 20 分钟将触发点灭活，释放损伤筋膜内的组织张力和改善其血液循环，被治疗肌肉会达到放松的效果，患处立刻感觉轻松。此外，肌筋膜疼痛触发点的治疗还可采取针法（含干针、湿针、闪针等）、推拿按摩、理疗、肌肉牵张、整脊、运动训练和药物等多种治疗手段予以辅助。

偏头痛

偏头痛（migraine）是临床最常见的原发性头痛类型，临床以发作性中、重度、搏动样头痛为主要表现，头痛多为偏侧，一般持续 4 ~ 72 小时，可伴有恶心、呕吐，光、声刺激或日常活动均可加重头痛，安静环境、休息可缓解头痛。世界卫生组织已经将严重偏头痛认定为致残的慢性疾病之一，其危害性等同于老年痴呆和严重精神疾病。横跨 195 个国家的世界领先的健康状况调查发现，从 1990—2016 年，偏头痛是全球每年导致长期残疾失能生活的第二大疾病。偏头痛因此也造成了巨大的经济损失，仅在英国每年因偏头痛引起的病假就有约 2 500 万天。偏头痛多发于女性。一般来说，每 5 位女性中有一位患有偏头痛，而每 15 位男性中仅有一位患有偏头痛。已有几项研究表明偏头痛通常与很多精神疾病都有关系。2016 年的一项综述发现偏头痛与躁郁症高度相关；同时，偏头痛患者患有广泛性焦虑症的概率是普通人的 2.5 倍，抑郁症患者患有偏头痛的概率是普通人的 3 倍。

女性月经期和妊娠期的体内激素水平变化较大，也易诱发偏头痛；工作学习压力大，长时间情绪低落或焦虑，长期面对电脑工作以及时下最流行的手机低头一族、情绪紧张、睡眠不足的中青年人同样是偏头痛的“重灾区”。

偏头痛长期折磨着无数患者，国内每10个人中就有一个有偏头痛。偏头痛频繁发作将影响患者的生活，最直接的就是影响睡眠，因为睡眠不足，白天就没精神，工作也大受影响。人久患头痛疾病，性格发生变化，往往性情变得暴躁。又因为久治不愈，生活受到重大影响，心理脆弱，丧失信心，时间长了对人的心脑血管将产生不利影响。

无先兆偏头痛是最常见的偏头痛类型，约占80%。发病前可没有明显的先兆症状，也有部分病人在发病前有精神障碍、疲劳、哈欠、食欲不振、全身不适等表现，女性月经来潮、饮酒、空腹饥饿时也可诱发疼痛。头痛多呈缓慢加重，反复发作的一侧或双侧额颞部疼痛，呈搏动性，疼痛持续时伴颈肌收缩可使症状复杂化。常伴有恶心、呕吐、畏光、畏声、出汗、全身不适、头皮触痛等症状。与有先兆偏头痛相比，无先兆偏头痛具有更高的发作频率，可严重影响患者工作和生活，常需要频繁应用止痛药治疗，易合并出现一种新的头痛类型——“药物过量使用性头痛（medication-overuse headache）”。

大多数偏头痛患者做大脑核磁共振检查没有发现异常，提示这种病并没有结构性的病变。治疗偏头痛的方式各种各样，最常见的非手术疗法包括药物、理疗、牵引、推拿、按摩、针灸、热敷等。这些保守治疗可以改善局部血液循环，缓解肌肉痉挛，以达到缓解症状的目的，但保守治疗存在局限性，症状容易反复发作，不能从根本上解决问题。一些偏头痛很难“断根”，发作时可以用止痛药缓解疼痛，反复发作的患者需要使用一些调节神经血管功能的药物进行预防性治疗，可连续服用3～6个月，少数患者一停药就复发，使得服药时间更长甚至长期治疗。

无先兆偏头痛的发作与颈椎问题和肌肉紧张密切相关。颈源性头痛常伴随颈椎的活动费力、受限，常常有眼部不适。随着年龄增大，疼痛发作越来越频繁。紧张性头痛症状通常是头皮发紧、发胀，像戴了一个紧箍咒一样。

此外，有效的压力管理可以大大减少偏头痛的发作。

NuCalm 在偏头痛中的作用

● NuCalm 是天然的抗焦虑技术，可以提高人的抗压能力，因此可有效减少偏头痛的发作频率。

● NuCalm 可引导身体从交感优势（战斗状态）快速的转入副交感优势（休息状态），从而让身体充分地放松下来，而且还可以抑制恶心呕吐等常见的偏头痛伴随症状，缩短偏头痛持续的时间。

● 偏头痛发作时睡眠、情绪都会大大受到影响，而 NuCalm 可以有效改善睡眠，稳定情绪，从而减少偏头痛给身体带来的伤害。

作为一种安全有效的头痛管理方法，NuCalm 可以一举多得，同时改善多种相关症状，而且使用方便，可以随身携带，在偏头痛发作初期及时干预，大大减少了偏头痛带来的痛苦。

3. 游走性疼痛

自主神经失调是因长期的精神紧张，心理压力过大或者受到刺激后所引起的一组症状群（情绪不稳，烦躁焦虑，心慌，爱生气，易紧张，恐惧害怕，敏感多疑，委屈易哭，悲观失望无愉快感，不愿见人，不想说话，对什么都不感兴趣，看什么都不高兴，压抑苦恼，甚至自觉活着没意思，入睡困难，睡眠表浅，早醒梦多，身疲乏力，记忆力减退，注意力不集中，反应迟钝，自主神经紊乱还可以导致胃肠功能紊乱，如没有食欲，进食无味，腹胀，恶心，打嗝，烧心，胸闷气短，喜长叹气，有的则表现头痛，头昏，头部憋胀，沉闷，头部有紧缩感重压感，头晕麻木，两眼憋胀，干涩，视物模糊，面部四肢难受，脖子后背发紧发沉，周身发紧僵硬不适，四肢麻木，手脚心发热，周身皮肤发热，但量体温正常，全身阵热阵汗，或全身有游走性疼痛等）。

如果您有上述症状而且久治不愈时，可以考虑调治一下自主神经功能紊乱，很快症状即可消失。治疗：过去对于自主神经紊乱的患者，在临床上常按精神病、抑郁症用一些抗精神病药进行治疗，往往疗效不好，而且容易产生耐药性和依赖性. 在增加药量的同时对身体也产生了不良影响。

如果是伴随有其他自主神经紊乱症状的游走性疼痛，又查不出明确的器质性病变，目前临床没有太好的解决方案。可以考虑直接用NuCalm来干预。一般2周就会有明显的改善。而且改善的症状不限于疼痛部分，使用者还会看到自己在睡眠、情绪和精力方面的提升。

（四）换个角度看待疼痛

1. 发病机理

（1）炎症与疼痛

炎症反应主要分为：感染性炎症和无菌性炎症。感染性炎症：如细菌、病毒所导致的炎症反应，称之为“感染性炎症”。像我们常见的，如：中耳炎、流行性感冒引起的喉咙发炎等都属于感染性炎症。无菌性炎症：物理、化学等因素引起的炎症反应，统称无菌性炎症。我们常见的慢性疼痛，例如滑囊炎、肌腱炎、腰肌劳损等都属于无菌性炎症。平常的跌打损伤，致使皮肤软组织发生的红、肿、热、痛，也属于无菌性炎症。无菌性炎症的形成是当机体内的组织在不良因素下，被摩擦、牵拉或挤压产生了细小的损伤。为了修复这些损伤，机体就会生出大量的炎细胞，使局部的血液、淋巴液渗出和聚集。这些渗出液有利于组织修复及物质运输，但渗出过多，会压迫器官及组织。很多人的慢性疼痛，都是由于反复刺激损伤部位，使得炎细胞积聚不散，造成恶性循环。

无菌性炎症的常用治疗方法。① 理疗：通过超短波、超声等理疗，可以加速炎症部位的血液循环，加快渗出液的吸收，达到消炎、镇痛的目的；②物理治疗：通过康复评定，发现和确定引起无菌性炎症的原因，采用手法治疗及运动疗法等治疗改善其症状。纤维性肌痛的患者通常都知道按摩可以帮助减少肌肉僵硬或酸痛。Craig还表示，按摩有助于释放内啡肽，这是天然镇痛药，针灸也可以通过类似的方式起作用。建议家庭照顾者学习一些简单的按摩手法，帮助患者缓解疼痛。

2017 年 Cochrane Review 的研究报告中称，如同物理治疗方法，一些运动方式如瑜伽练习可以缓解疼痛。适当的运动锻炼对于慢性疼痛患者和亚健康人群是非常重要的，在初期练习时建议通过在线视频或专业指导进行，以免造成运动性损伤；③ 非甾体抗炎类药物：如萘普生、阿司匹林等，这类药可通过抑制前列腺素的合成，抑制白细胞的聚集，从而起到抗炎作用。

（2）GABA 与疼痛

γ- 氨基丁酸（简称 GABA）作为中枢神经和外周神经中重要的抑制性神经递质，具有一定的镇痛作用。中枢神经系统中某些与疼痛相关的区域如脊髓、丘脑、边缘系统中的 GABA 递质减少可能会促进疼痛的发生。研究发现，帕金森病患者脊髓上行传导通路、下行镇痛通路中都存在 GABA 系统调节紊乱。可见 GABA 不仅参与帕金森病其他非运动症状，例如睡眠、焦虑、抑郁，还参与帕金森病患者中枢性疼痛（如肌肉骨骼痛、神经根痛、肌张力相关疼痛等）的调节。

（3）压力与疼痛

压力会加剧疼痛，包括引起肌肉紧张以及使神经系统内的疼痛信息永久存在。反之，经常性的疼痛会造成身心的压力。因此有效的压力管理方法可以缓解疼痛，减少疼痛发作的频率。

（4）睡眠与疼痛

因为疼痛而无法安然入睡，反之，因为没睡好导致疼痛加剧。相信这是很多人曾经有过的亲身体验。二者相互影响，如果能有一种方法可以同时兼顾改善睡眠和缓解疼痛，相信效果一定优于只作用于一个目标。

（5）认知与疼痛

我们对疼痛的感知方式对我们的疼痛体验和疼痛程度具有重大影响。通过害怕疼痛或对慢性疼痛有负面认识，我们实质上是在回馈大脑，它应该继续产生疼痛信息。如果我们过度担心自己的疼痛，以致于变得过度警惕或开始灾难性化，这可能会影响我们的心理健康，并导致疼痛和压力循环。负面的疼痛感常常会导致无益的行为。例如，如果我们害怕活动会加剧我们的痛苦，那么我们将开始避免活动。这被称为避免恐惧，这不仅可以增强疼痛路径，而且还可以导致失调（由于缺乏使用而使肌肉减弱），并对身体健康的其他方面产生负面影响。

（6）自主神经系统失调与疼痛

慢性疼痛会增加交感神经活动，长期的疼痛必然会导致自主神经系统失调。反之，可以恢复自主神经系统平衡的方法，例如瑜伽、冥想等可以增加副交感神经活动的方法，对于疼痛管理是有效的。

2.NuCalm 在疼痛管理中的作用

简单点说，NuCalm 三合一系统可以一举多得，同时有效管理疼痛与其他相关的症状。

NuCalm 的核心是采用非线性震荡算法的神经声学软件，利用双耳节拍，诱导大脑进入到 Alpha 深度放松状态，随后进入 Theta 疗愈波状态。

2018 年英国伯明翰大学和美国马里兰大学的一项发现表明，Alpha 脑电波的频率可以用来衡量一个人对疼痛的敏感性。研究人员通过脑电图（EEG）发现在21名研究参与者中，Alpha脑电波频率可以用来衡量一个人患疼痛的易感性。在经历疼痛的人中，如果Alpha脑电波频率增加，则疼痛程度降低。痛苦要小一些。

2016年的一项研究证实了Theta双耳节拍在治疗慢性疼痛方面的有效性。36位患有各种类型的慢性疼痛患者（平均年龄为47岁）分为两组。一组每天听20分钟的6 Hz的Theta双耳节拍音乐；一组则听20分钟的300 Hz的非双耳节拍音乐。干预持续14天。结果表明，Theta双耳节拍音乐在降低感知疼痛程度方面有显著作用。

NuCalm三合一系统中的生物能量贴片则刻录了GABA的频率，通过增强GABA能神经元的作用，有效地抑制疼痛的发生。专业贴片中的迷走神经频率则可以帮助身体快速地从交感优势转变为副交感优势，从而达到缓解疼痛的目的。

3.NuCalm在疼痛管理上的优势与特色

NuCalm在疼痛管理方面的优势可以总结为：有效、安全、方便。对于以下疼痛问题，NuCalm的优势更加明显，建议在做相关疼痛管理时，考虑使用NuCalm作为核心工具。

对于自主神经引起的游走性疼痛，NuCalm可以说是唯一的选择。

对于肌肉紧张、酸痛、僵硬引起的疼痛，NuCalm是可以自己帮自己解决疼痛的工具。因为可以加速受损部位的血液循环，有效修复。例如，美国做过8周专业运动员评估，NuCalm可以疗愈他们的伤痛，甚至是旧伤。

和焦虑情绪有关的疼痛，包括经前期疼痛，头痛等，除了生理因素，也有心理（紧张）的关系。NuCalm 可以减压，降低焦虑水平，又减少疼痛，一举多得。

风湿性关节炎，纤维肌痛等与自身免疫系统紊乱有关，NuCalm 可以平衡免疫系统，缓解疼痛的同时从根源上解决免疫系统失衡的问题。

PTSD（创伤后应激障碍）相关的疼痛问题，NuCalm 可以一举两得，在缓解疼痛的同时修复 PTSD。

对于戒瘾或者戒毒过程中常见的戒断反应——疼痛来说，NuCalm 可以有效降低疼痛水平，缓解症状，并同时有效地改善其他的戒断症状（如情绪不稳定、睡眠障碍以及出汗、胃肠道不适等），帮助顺利完成戒除。

八、甲状腺功能障碍

（一）现状

甲状腺是身体中最大的一个内分泌腺体，在青春期甲状腺发育成熟，它的重量只有 30 g 左右。它的形状像一只蝴蝶，薄薄一层贴在颈部甲状软骨下方气管两旁。

甲状腺的主要功能是合成甲状腺激素，调节机体代谢。甲状腺素会促进新陈代谢，使绝大多数组织耗氧量加大，并增加产热，促进生长发育，对长骨、脑和生殖器官的发育生长至关重要，如果婴儿期缺乏甲状腺激素则会患呆小症。它能提高中枢神经系统的兴奋性。此外，还有加强和调控其他激素的作用及加快心率、加强心肌收缩力和加大心排血量等作用。

我们身体的每一个细胞都需要甲状腺素才能正常运转，是真的牵一“腺”而动全身。

世界卫生组织报道全球有16亿人有甲状腺功能障碍的风险，而其中7.5亿人已经患有甲状腺疾病，这就意味着全球大约10%的人群有甲状腺功能障碍。

在我国，目前已经有大约2亿人有甲状腺功能障碍，患病率大约是14%。包括甲状腺结节、甲状腺肿、甲状腺癌、甲亢、亚临床甲亢、格雷夫斯病、甲减、亚临床甲减、桥本甲状腺炎等甲状腺疾病。

其中增长速度最快的是亚临床甲减，从3.22%增长到16.7%。甲状腺结节已经成为最普遍的甲状腺疾病，全国发病率约20%，个别地区的发病率甚至高达49%。同时桥本甲状腺炎的发病率也是逐年增加。

（二）痛点

在甲状腺功能障碍中，甲状腺结节属于高发疾病，因此人们最担心的是甲状腺结节发生癌变。

很多人遭受亚临床甲减的各种折磨，但是还达不到临床用药的标准，没有良好的解决方案。

对于桥本甲状腺炎这个自身免疫疾病，临床一般会建议服用硒酵母，但是这对于减少抗体没有多大帮助；除非是患者同时出现了甲状腺功能异常（有桥本甲状腺炎未必有甲状腺功能异常），不然通常是只做诊断，没有针对甲状腺抗体的治疗方法。

1. 甲状腺结节

现在甲状腺结节非常普遍，普遍到什么程度呢？2013 年发表的一篇对北京 7 个社区 6 324 名成人进行的研究显示，甲状腺结节患病率高达 49%，接近一半的成年人有甲状腺结节，女性患者数量远多于男性。

这个数据远远高于全国 20% 甲状腺结节患病率，这也从侧面反映了在城市里尤其是一线城市，因为快节奏的生活、巨大的压力等因素，让甲状腺结节的患病率在这些特定区域直线上升。

而且随着甲状腺结节患者数量的增加，甲状腺癌也成了增长速度最快的癌症之一，从 2000 年开始，发病率年均升高将近 23%，成为增长速度最快的癌症，尤其是女性患者增长速度最快。

担心结节癌变是甲状腺结节患者的最大的痛点。

2. 甲减与亚临床甲减

甲状腺功能减退症是由于甲状腺激素合成、分泌或生物效应不足或缺少，所导致的以甲状腺功能减退为主要特征的疾病。

亚临床甲减是指仅有血清促甲状腺激素（TSH）水平轻度升高，而血清甲状腺激素（FT4，FT3）水平正常，患者无甲减症状或仅有轻微甲减症状。

甲状腺功能减退会影响全身的细胞正常运行，更会带来下面的痛苦，见表 4-2。

表 4–2　甲状腺功能减退常见表现

喝凉水都长胖、减肥困难	脑子慢、记性差
疲乏无力是常态	脱发、发际线后移
嗜睡打盹、无精神	皮肤干燥瘙痒
越运动越糟糕、手指浮肿、心跳缓慢	食欲不振、消化不良、便秘
怕冷、手脚冰凉、体温低	发育不良：呆小症、自闭症、发育迟缓
冷漠、抑郁	性欲减退、阳痿
贫血、补铁却补不上	月经紊乱、不孕、易流产

大部分甲减的患者可以服用优甲乐等药物来改善甲减的症状，但是有一部分患者在服用优甲乐等药物后没有改善，仍然要遭受这些症状的痛苦，服用药物无效就是最大的痛点，还有想减药却怎么都减不下来的痛点。

亚临床甲减如果不进行干预很大可能会发展成甲减，但是在临床上大部分亚临床甲减患者不符合服用药物的标准，因此面临着遭受各种痛苦，却无药可医的痛点。

3. 桥本甲状腺炎

桥本甲状腺炎（HT）是一种常见的自身免疫性甲状腺疾病，是甲状腺淋巴瘤及甲状腺乳头状癌发生的危险因素之一。其特征是存在高滴度的甲状腺过氧化物酶抗体（TPO-Ab）和甲状腺球蛋白抗体（TG-Ab）。

最新流行病学调查显示，中国 TPO-Ab 阳性患病率约为 10%。而 TPO-Ab 具有抗体依赖介导和补体介导的细胞毒作用，它会引起免疫系统攻击甲状腺细胞，受损的甲状腺细胞会释放大量的甲状腺素入血，带来一过性甲亢。当额外的甲状腺素被排出体外之后，因为甲状腺组织受损，很难再生出足够的甲状腺素，就会出现甲状腺功能减退。每年约有 5 % 甲状腺功能（甲功）正常的桥本病人进展为甲状腺功能减退症（甲减）。

每天困扰桥本甲状腺炎患者的症状包括了易怒、焦虑、烦躁、在过量的甲状腺素被清除后还会变得淡漠、抑郁。除此之外，大多数桥本患者还会有其他很多的炎症症状，例如肠易激综合征、反复的腹泻或便秘、反酸、过敏、持续疼痛，或是其他症状如营养缺乏、贫血、脱发、脑雾、记忆力下降、流产等。

对于如何降低甲状腺特异性自身抗体和延缓桥本的疾病进展，改善上述的痛苦症状，目前尚缺乏特异性治疗措施，这是桥本患者最大的痛点。

（三）解决方案

1. 甲状腺结节解决方案

要解决甲状腺结节的问题，就要追根溯源找到发病原因，然后针对性进行解决。导致甲状腺结节的病因有以下几个：

●持续性慢性压力：内分泌失调、自身免疫、情绪异常。

●慢性炎症：桥本甲状腺炎（自身免疫）、幽门螺旋杆菌或人芽囊原虫感染等。

●营养问题：碘、维生素 D、硒等的缺乏，或桥本患者的碘过量。

●食物不耐受、妊娠期。

●环境毒素、辐射等。

因为甲状腺结节一般不会带来不适的症状，因此我们只需要进行常规复查就可以。但是当结节过大，超过 10 mm，或者出现钙化以及其他恶性特征后，就需要严密 B 超监控，甚至是组织活检，来鉴别是否是恶性肿瘤。

常规治疗一般会进行甲状腺激素抑制治疗、射频消融或手术切除治疗。当然甲状腺如此重要，切了就没有了，不但需要长期服用甲状腺素来补充，还会带来各种折磨人的症状。

因此对于甲状腺结节的干预，最好是从根源入手。改善压力，补充缺乏的营养，去除不耐受的食物，疗愈肠道，减少系统和局部炎症；减少毒素暴露，去除体内的环境毒素。

从根源入手，进行系统干预，会很好地控制甲状腺结节恶化的问题，还对减少和缩小甲状腺结节有帮助。

2. 甲减与亚临床甲减解决方案

甲减和亚临床甲减是目前增长速度最快的甲状腺功能障碍疾病。那怎么就会甲减了呢？甲状腺功能减退，最直接的原因就是甲状腺激素的活性的形式 T3，在细胞里面的水平下降，导致相应细胞的功能受到了影响。

因此，要做好甲减和亚临床甲减的干预，首先要知道甲状腺素的合成和代谢受到哪些因素的调控。第一个导致甲减的主要原因是桥本甲状腺炎，占了甲减中的 70%，如何干预桥本请看桥本甲状腺炎解决方案。

在体内起到主要作用的是 T3，T3 只有进入到细胞中才会起作用；而 T3 是由 T4 转化而成，因此任何影响 T4 合成，影响 T4 向 T3 转化，以及影响 T3 进入细胞的原因，都会影响甲状腺的功能。

充足的营养会促进甲状腺素 T4 的合成，例如：L- 酪氨酸、碘、锌、硒、铁、VC、B3、B2、B6、VD、VE。如果我们缺乏碘等营养成分就会影响甲状腺素的合成，我国实行加碘盐的政策来预防碘的不足，所以缺碘带来的问题已经极大减少。

抑制 T4 合成的则是压力、创伤、感染、毒素或自身免疫疾病（如桥本）。

促进 T4 向 T3 转化的影响因素是硒和锌。促进 T3 进入细胞的营养是 VA、锌和运动。

如果出现了服用甲状腺素无效的情况，请一定考虑是否出现了 T4 转为 rT3 的情况。促进 T4 向无活性的 rT3 转化的影响因素是：压力、创伤、节食、感染、毒素、肝肾功能障碍、药物等。

另外甲状腺素的合成还受到下丘脑 - 垂体 - 甲状腺轴的调控，有压力存在的时候，下丘脑及垂体分泌的 TRH 和 TSH 受到抑制，因此也会影响甲状腺素 T4 的合成。

到这里甲减和亚临床甲减的解决方案就很清晰了，不论是服用优甲乐无效的，还是想要减药的，或者是亚临床甲减无药可医的，都可以通过下面的方法进行甲状腺功能的优化。

优化原则：首先应该尽量减少抑制甲状腺素合成以及促进 T4 向 rT3 转化的因素。然后增加营养和适当的运动，促进 T4、T3 的合成，并促进 T3 顺利地进入细胞发挥作用。

应该根据客户的个体情况，制定个性化的饮食、营养、压力、环境毒素清除方案来进行系统的甲状腺功能优化。

3. 桥本甲状腺炎的解决方案

桥本甲状腺炎(HT)是一种常见的自身免疫性甲状腺疾病，所以桥本不是一个甲状腺问题，它是免疫系统严重失衡导致的自身免疫性疾病。

那么自身免疫疾病是如何发生的？

首先是有先天基因易感性，然后在外界环境的诱导下，导致免疫系统过度活跃，产生自身组织抗体攻击自身组织，或诱导免疫细胞攻击自身组织，导致免疫疾病的发生。

外界环境诱因包括：持续的压力、食物慢性敏感、“肠漏”、环境毒素等。

压力会改变皮质醇的分泌，压力会促进皮质醇的分泌，皮质醇过多会刺激免疫系统，初期提高免疫力，然后就会抑制免疫系统降低免疫力。当压力持续存在，肾上腺功能就会逐渐耗尽，皮质醇就会显著减少，这时免疫系统的抑制就会减弱，引起免疫系统紊乱，容易出现自身疾病。

食物过敏我们都知道例如荨麻疹，舌头肿胀或呼吸困难，如果严重的话是会要命的，但是慢性食物敏感大家就不太熟悉了，它还有一个名字叫食物不耐受。对自身免疫疾病来说，风险最高的食物成分是麸质，麸质是小麦、大麦、黑麦中的一种蛋白质（醇溶蛋白和谷蛋白复合物）。

如果您消化能力不佳，不能及时消化麸质，肠黏膜通透性高或者是有肠漏症，那么未被消化的麸质就会通过肠道进入血液，被免疫细胞识别为异物，并被开始清除。而麸质与很多细胞有着相似的氨基酸结构，所以在免疫系统攻击麸质的同时，也会攻击小肠细胞、甲状腺、神经系统（髓鞘）、关节等组织器官，导致自身免疫疾病的发生。

甲状腺是体内的一个吸尘器，它会把各种环境毒素吸到组织细胞中，造成局部炎症。环境毒素还会影响免疫系统，导致自身免疫疾病。例如存在于塑料中的双酚 A，大型海鱼中的汞等环境毒素会导致桥本甲状腺炎。

因此，我们必须学会识别环境毒素，减少环境毒素暴露。同时加强体内毒素的清除，环境毒素的清除主要通过肝脏进行，然后这些被降解的毒素会通过大小便排出体外。另外一个最重要的排毒系统是皮肤，大量的毒素会随着汗液排出体外，所以运动出汗和桑拿会帮助我们更好地清理体内的毒素。

如果长时间接触过量的环境毒素，那么毒素就会堵塞肝脏，对身体造成伤害。出现下列症状：总是疲劳、脑雾、头疼、手指或脚趾发麻、肌肉酸痛、不明原因的肥胖等。

还有营养缺乏，例如缺乏支持肝脏解毒的营养（VC、B族、NAC等），导致体内毒素不能及时被排出，造成持续性炎症或伤害。维生素D的缺乏与自身免疫疾病的发生有直接的关系，在桥本患者中大都严重缺乏维生素D_3。

先天基因我们无法改变，但导致桥本的外界诱因是可以改变的，而且针对性干预，不但可以预防桥本的发生，还会逆转桥本改善症状和减少抗体。

（四）压力与甲状腺功能障碍

甲状腺结节与压力有很大的关系，特别是女性，因为压力过大更容易导致内分泌失调，从而影响激素的分泌而刺激结节的形成，这也是女性甲状腺结节高发的原因。

研究报道，甲状腺结节患者焦虑、抑郁、紧张、易怒等负面情绪均高于对照组。也有研究指出文化程度越高，工作压力越大，甲状腺结节的患病率越高。这也是为什么北京7个社区6 324个人的研究结果显示有49%的人会患有甲状腺结节。

压力与甲减有直接的关系，因为压力抑制下丘脑和垂体，减少TRH和TSH的分泌，进而影响甲状腺素T4的合成。压力还会抑制T4向T3转化，促进无生物活性rT3合成，造成T3数量不足，导致甲状腺功能减退。

压力会直接引起自身免疫疾病，压力会对大脑直接产生影响，它会通过HPA轴、HPG轴、HPT轴直接影响甲状腺、肾上腺、和性腺的功能。

因此压力可以直接影响 HPG 轴功能失衡，导致内分泌紊乱，进而影响免疫系统。例如孕激素和雄激素会抑制免疫系统，而雌激素会激活免疫系统，有雌激素优势容，那就易导致自身免疫系统过度活跃，发生自身免疫疾病。

压力会激活 HPA 轴促进皮质醇的分泌，皮质醇过多会刺激免疫系统，初期提高免疫力，然后就会抑制免疫系统降低免疫力。当压力持续存在，肾上腺功能就会逐渐耗尽，皮质醇分泌显著减少，这时免疫系统的抑制就会减弱，引起免疫系统紊乱，容易出现自身疾病。

具体讲皮质醇在初期会增加杀伤 T 细胞的数量和活性，然后就会抑制杀伤性 T 细胞的活性和数量，同时 B 淋巴细胞会分泌更多的抗体，容易发生自身免疫。低皮质醇水平更会减少体内调节性的 T 细胞数量，也就是减少免疫系统的刹车细胞数量，因此免疫系统过度活跃，导致自身免疫疾病的发生。

压力会刺激并提高交感神经的活性，抑制副交感，导致自主神经系统功能紊乱。因为免疫细胞上有这些神经递质的受体，所以压力增加儿茶酚胺等神经递质的分泌，过多的儿茶酚胺会造成免疫系统紊乱。免疫系统受到这些神经递质的调节，增加自身免疫性疾病的风险。

（五）NuCalm 优势和作用机理

NuCalm 三合一系统基于神经科学的深度放松技术，获得了世界上第一个也是唯一一个用非药物方法维持自主神经系统功能的专利。它的核心——神经声学软件借助双耳节拍技术产生脑波夹带效应，让大脑进入 Alpha（放松状态）和 Theta（修复与疗愈），平衡自主神经系统，激活副交感系统，让大脑和身体进入修复状态。对于自主神经紊乱的各种症状，都可以快速改善。它不仅可以恢复脑内神经递质平衡，还可以修复已经发生的脑损伤。

2017 年在临床内分泌学杂志上发表了一篇文章，就显示在甲减患者的前额叶的这个部位，GABA 水平是显著低于健康对照组的。

NuCalm三合一系统中的生物能量贴片中带有 GABA 和 L-茶氨酸的频率，可以快速有效恢复 GABA 能神经元功能。相当于快速补充了 GABA。无论是对前额叶自上而下地调控杏仁核，还是自下而上地抑制杏仁核都能起到作用，减少恐惧，焦虑，还改善睡眠。可谓一举多得。

NuCalm 可以快速改善压力，减少慢性炎症，减少和控制结节的发生；NuCalm 可以降低压力对下丘脑 - 垂体 - 甲状腺轴的影响，促进甲状腺素的合成；它还可以减少压力对免疫系统的刺激，帮助免疫系统恢复平衡，控制和减少甲状腺抗体的产生，改善和防控桥本甲状腺炎。

小结

存在桥本（免疫系统失衡严重）和亚临床甲减，甲减相关不适症状包括睡眠障碍、记忆力专注力下降，便秘等，严重影响客户的生活质量和健康状况。而且客户存在焦虑和抑郁也是一个长期压力，进一步的加重甲状腺功能异常。如果想要彻底改善，就需要从压力管理入手，改善甲减，恢复免疫系统平衡和情绪稳定，快速打破恶性循环。

该客户的亲身体验显示：NuCalm 可以在短短 2 个月内让

TSH 指标恢复正常，不再需要服用药物，而且相关症状也显著改善。A-TG 从 521 ↑ ng/ml，降低到 209 ↑ ng/ml，说明免疫系统在恢复正常。抑郁、焦虑得分也从轻度抑郁和焦虑范围降为正常。

这一切源于 NuCalm 能直接作用于 HPT 轴（下丘脑 - 垂体 - 甲状腺），降低压力对甲状腺激素合成和 T4 转化为 T3 的抑制作用，同时压力减少了对于免疫系统的刺激，减少了抗体的产生，而且通过恢复自主神经系统的平衡有效改善相关症状（如睡眠、疲劳等）。

九、精准备孕

（一）生育现状

从 1971 年起，我国的生育率一直处于下降趋势，这主要是受“计划生育”政策的影响。近几年来中国老龄化趋势越发明显，国内改变生育政策，2013 年和 2016 年，中国为了刺激人口增长，先后颁布了“单独二孩”和“全面二孩”政策，但是国内生育率却没有提高，2017 年我国人口出生率反而下降了。

我们经常遇到的问题是能生的不想生，想生的怀不上、保不住，或是担心再生一个不健康的孩子。

分析这一人群，大致可以分为：能生但不敢生，担心再生一个自闭症宝宝的自闭症家庭；因为年龄因素错过最佳生育时机，受孕困难的高龄人群；因为甲状腺功能障碍、多囊卵巢综合征等疾病导致受孕困难，容易流产的不孕人群。

精准备孕就是通过科学系统的方法帮助想生的人，提高精子卵子质量，增加成功受孕率，减少流产、胎停的风险，减少胎儿的健康风险。简单地说就是让想生的怀得上、保得住，生个健康聪明的宝宝。

（二）生育痛点

1. 焦虑的不孕症

我国现有不孕不育人群 5 000 万，整体的不孕不育率上涨到了 14.45%。预计未来短期内，这一比率还有继续上涨的态势。不孕症对大多数不孕不 育夫妇来说是一种心理创伤，是其生活经历中最有压力的事件之一。辅助生殖技术是治疗不孕不育的首选手段。

有关研究表明，不孕不育患者从治疗第二年开始焦虑、抑郁、内疚、紧张等负面情绪越来越多，焦虑和抑郁症的发病率也会成倍增加，这种情况一直到第六年后才会因为放弃继续治疗而开始下降。

研究表明，为焦虑、抑郁的不孕症患者进行心理健康干预，可以显著提高妊娠率和活产率。

这类人的痛点就是如何解决压力过大带来的生育焦虑。

2. 亚临床甲减和桥本的生育痛点

甲状腺是人体最大的内分泌器官，其功能异常会对全身各组织器官都产生重大影响，其中包括影响精子和卵子的质量，导致受孕困难和流产风险增加，甚至影响胎儿的健康发育。

所以有一句话就是优化甲状腺轻松赢好孕。甲亢、甲减临床都有相关的药物治疗，减少其对生育的影响。但是对于桥本和亚临床甲减，并没有很好的药物和治疗方法。

而现实是亚临床甲减的发病率已经从3.2%增加到了16.7%，桥本甲状腺炎的发病率也是逐年增加，目前已经达到8%。

研究显示在甲状腺功能正常（甲状腺素正常）的不孕人群中大约有25%有桥本甲状腺炎（甲状腺抗体异常），桥本还会增加不良妊娠和影响胎儿健康发育。甲减会增加排卵困难，促进雌激素优势，增加受精卵着床困难，增加孕早期流产风险和自闭症发生率。

如何提高受孕率、减少不良妊娠和促进胎儿健康发育是这类人群的生育痛点。

3. 多囊卵巢综合征的生育痛点

多囊卵巢综合征（PCOS）是最常见的内分泌代谢性临床综合征，以卵泡发育障碍为核心，高雄（多毛、痤疮）和月经异常（稀发或功血）为主要特征，影响10%的育龄期女性。

它是无排卵性不孕的首要因素，占30% ~ 60%的比例，大约有1 500万人受到该病的影响。根据2015年甘肃地区不孕原因调查显示，在1 106位原发不孕患者中，PCOS是首要因素，约占31.83%。

为了怀孕，把药当水喝，好不容易怀上了，却反复流产、胎停育等状况频发，PCOS患者流产率高达30%。

如何改善卵泡发育障碍，顺利怀孕、降低流产和胎停育风险是她们的生育痛点。

4. 能生但不敢生的自闭症（ASD）家庭

简单地说自闭症是一个大脑发育障碍的谱系性疾病，他们是活在自己世界中的孤独孩子。

我国自闭症发病率约 1%，也就是每年新增约 15 万自闭症宝宝，根据不完全统计仅广东省目前就有 100 万的自闭症患儿，全国有近 1 000 万的自闭症患儿，也就是说有大约 1 000 万个自闭症家庭。

有研究报道自闭症的家庭会有 20% 的概率再生一个自闭症宝宝，是常规发病率的 20 倍。因此，在生活中想再生一个健康聪明宝宝的自闭症家庭，都处于想生却不敢生的尴尬境地。

如何生一个健康聪明宝宝，避免再生个自闭症宝宝，就是他们的痛点。

5. 想生却怀不上的高龄女性

女性生育能力在 30 岁就开始下降，到 35 岁仅有峰值的 50% 左右，40 岁仅有峰值的 25% 左右，超过 35 岁的女性就可以被称为高龄产妇。

生活中，我们碰到的不仅仅是准备生二胎的高龄女性，还有很多为了深造及为了事业拼搏，到了 40 多岁才停住脚步考虑生育问题的高级知识分子人群，以及再婚拟生育的高龄女性，甚至失独的高龄女性，她们的求子之心更迫切。

而高龄女性面临的不仅仅是卵巢功能下降、生育力下降的问题，还有卵子质量下降、流产率增加、妊娠期并发症风险增加、子代异常风险增加等等问题。

如何备孕才能增加受孕概率、减少流产率、减少妊娠并发症就是她们面临的最大痛点。

（三）解决方案

在前文所讲的 5 类人群中尽管都有各自的健康问题，尽管导致他们生育困难的原因不同，但是他们都有共同的需求，希望可以顺利怀孕。

有句话是异病同源，要想提高生育力，就应该优化精子和卵子的质量，顺利完成授精；保持良好的子宫内环境，顺利着床；减少早期流产风险，促进胎儿健康发育。

精准备孕就是精准分析导致受孕困难的原因，制定个性化干预方案，进行系统的干预，提高生育力。

而影响精子和卵子质量以及生育能力的关键原因包括：个性化的基因，长期慢性压力，不良饮食和运动习惯，特定营养的缺乏，过度的环境毒素暴露。

营养缺乏会影响精子和卵子的质量，如 MTHFR 基因 C677 位点纯合突变型的备孕者，更适合补充活性叶酸（L-5 甲基叶酸），而不是普通形式的叶酸。如果备孕时缺乏叶酸会增加流产风险和胎儿健康风险。精准备孕是通过个性化基因检测，针对性优化营养的补充，制定精准的个性化备孕方案。

不良饮食习惯会容易长胖，而缺乏运动会促进肥胖，这些不良习惯都会促进胰岛素抵抗。而 70% 的多囊卵巢综合征人群都有胰岛素抵抗，胰岛素抵抗会促进卵泡分泌大量雄激素，抑制卵泡发育。通过饮食和运动可以改善胰岛素抵抗，有利于调节雄激素水平，促进卵泡发育，提高多囊女性受孕成功率。精准备孕通过改善不良饮食、运动和生活习惯来打好身体健康的基础，提高受孕成功率。

环境毒素会影响精子和卵子的质量，导致不孕不育，诱发流产，甚至会造成胎儿畸形或发育不良。精准备孕通过评估个体环境毒素的暴露情况，通过减少环境毒素暴露，强化肝脏解毒功能，促进体内累积毒素的排出，改善精子和卵子的质量，提高生育力。

持续性压力会引起内分泌紊乱，引起甲减或多囊卵巢综合征，导致不孕；持续性压力会持续性激活免疫系统诱发自身免疫疾病，如导致桥本甲状腺炎，增加受孕难度和妊娠并发症。压力还会改变食欲，让您暴饮暴食或没有食欲，促进肥胖或胰岛素抵抗，这也是多囊卵巢综合征的一大原因；压力还会导致睡眠障碍，引起焦虑和抑郁等影响生育的心理健康问题，这些情况在高龄和不孕不育人群中非常普遍。精准备孕可通过 NuCalm 来快速改善压力，减少压力对妊娠的影响。

（四）压力对备孕的影响

现代社会快节奏的生活方式、复杂的人际关系和信息爆炸，会带来大量的压力。因此我们面临的压力不仅仅是生活、工作和财务压力。还有很多其他的来源，如寒冷、炎热、饥饿、生病、熬夜、疼痛、噪音、睡眠剥夺、久坐、不运动等不健康的生活习惯、自然灾害、车祸、亲人离世、战争等等压力源头。

如果我们对于压力的影响没有一个明确的认知，如果我们没有一个良好的改善压力的方法和习惯，那么这些压力会给我们的身体健康带来极大的负担，甚至会影响我们的生育能力。

神经内分泌学的研究告诉我们，长期持续压力会降低性欲，引起女性内分泌紊乱，如孕酮、催乳腺、睾酮、促卵泡生成素、促黄体生成素会随着焦虑抑郁的严重程度而减少。压力还会引起月经不调甚至出现继发性闭经和影响正常妊娠。

持续压力也会引起男性雄激素分泌减少，出现性欲下降，甚至导致压力性勃起障碍。压力会对男性精子质量产生负面影响。男人压力越大，精子质量就越差。压力大精子差的原因可能包括，大量的氧化应激激素及高肾上腺素水平等可能会影响到精子和睾酮的产生。压力过大会还影响到精子的活动能力、形状及浓度。

持续性压力还会导致自主神经系统失衡，引起交感神经过度活跃，副交感神经活性下降，导致自主神经紊乱。自主神经紊乱会引起月经异常，性欲下降，对备孕有直接影响。

压力还会影响睡眠，出现失眠、入睡困难，难以保持连续性睡眠，早醒等睡眠健康问题。而睡眠障碍还会进一步影响身体健康，对于成功备孕也有影响。

压力还会影响消化吸收，改变食欲，出现暴饮暴食或厌食的情况，这两种情况都会对身体健康状况和营养状况产生不良影响，最终影响到妊娠成功率。

1. 压力与不孕症互为因果

不孕症对大多数不孕不育夫妇来说是一种心理创伤，是其生活经历中最有压力的事件之一。80%以上的不育夫妇承受明显的心理压力，12% ~ 15% 出现性生活不和谐，8.6% 影响家庭关系，7% ~ 8%出现婚姻危机。

持续性压力还会增加焦虑和抑郁等不良情绪，这些负面情绪可能是不孕症的原因，也可能是不孕症带来的结果。

在不孕症和心理压力两者互为因果的基础上，负面情绪或心理压力激活 HPA 轴，抑制 HPO 轴，同时血清皮质醇激素和催乳素升高，使女性出现月经周期紊乱，继而影响妊娠。

研究发现，持续性的高度紧张状态会激活神经内分泌通路，升高血液中可的松浓度，从而会影响妊娠成功率。另外发现不良心理应激造成的收缩压上升、心率加速都和妊娠成功率不高存在联系。

在做试管婴儿的夫妻中，男性的抑郁和焦虑的发生率远高于健康人群，而这种负面情绪是会在夫妻之间传染。焦虑、抑郁程度越低，妊娠成功率越高；与对照组平均 40% 的妊娠率相比，妊娠率能够提高到 60% ~ 72.86%。

因此，改善压力缓解焦虑和抑郁等负面情绪，是不孕症人群非常关键的提高妊娠率的方法。

2. 多囊卵巢综合征的发生与压力有直接关系

研究表明多囊患者有非常高的压力水平，持续性压力会激活 HPA 轴。压力促进皮质醇分泌，高皮质醇水平会升高血糖，肥胖和高血糖会诱发胰岛素抵抗，而胰岛素抵抗又会引起卵泡分泌更多的雄激素，导致卵泡发育障碍。

压力会改变食欲，出现暴饮暴食，增加体重，导致肥胖，肥胖又会促进胰岛素抵抗和高雄的发生。

另外压力还会刺激下丘脑的 GnRH 分泌频率加快，胰岛素也会促进垂体 LH 分泌增加，这都会抑制卵泡发育；因此，改善压力是恢复排卵障碍，提高生育能力的重要方法。

3. 压力会引起甲减和桥本

另外持续性压力会抑制甲状腺素的合成，造成亚临床甲减或甲减，在孕早期甲状腺功能减退会影响胎儿神经系统的发育，增加自闭症宝宝概率。

桥本甲状腺炎是自身免疫疾病，持续的压力除了会导致免疫力降低，还会不停地激活免疫系统，导致免疫系统过度活跃，诱发自身免疫疾病，如桥本；在不孕不育的病因中，自身免疫因素占了 40% 左右。

4. 高龄备孕者迫切的求子压力

高龄备孕者因为求子需求非常迫切，有着非常大的生育压力，同时还存在各种工作、财务、生活以及更多的压力源，因此处于长期持续性压力下。

研究表明，接受辅助试管治疗的高龄女性，进行心理干预缓解焦虑和抑郁后观察组的妊娠率是 65%，显著高于对照组的 42.5%。因此，对于高龄备孕者改善压力，有利于负面情绪的改善和提高妊娠率。

（五）NuCalm 在精准备孕中的应用

NuCalm 三合一系统基于神经科学的深度放松技术，获得了世界上第一个也是唯一一个用非药物方法维持自主神经系统功能的专利。它的核心 -- 神经声学软件借助双耳节拍技术产生脑波夹带效应，让大脑进入 Alpha（放松状态）和 Theta（修复与疗愈波），平衡自主神经系统，激活副交感系统，让大脑和身体进入修复状态。对于自主神经紊乱的各种症状，都可以快速改善。它不仅可以恢复脑内神经递质平衡，还可以修复已经发生的脑损伤。

NuCalm 三合一系统中的生物能量贴片中带有 GABA 和 L- 茶氨酸的频率，可以快速有效恢复 GABA 能神经元功能，促进 GABA 的合成分泌。无论是对前额叶自上而下地调控杏仁核，还是自下而上地抑制杏仁核都能起到作用，减少恐惧，焦虑，还改善睡眠，可谓一举多得。

更重要的是 NuCalm 能够解决压力带来的生育影响，能够快速减少对于内分泌的影响，加快内分泌紊乱的恢复速度，改善甲减和多囊，恢复性激素的正常分泌，改善性欲，促进精子和卵子的正常发育，提高受孕概率。

对于存在焦虑和抑郁等异常情绪的备孕群体，NuCalm 可以直接改善异常情绪，提高生育力。对于存在睡眠障碍的备孕群体，NuCalm 可以直接改善睡眠质量，提高备孕成功率。

十、自闭症表

（一）自闭症症状与自主神经系统

自闭症属于广泛性神经发育障碍，是到目前为止儿童疾病中最为复杂的一种。病因复杂，症状多样。从不同角度去看待自闭症，可能我们都会提出不一样的理论。例如从肠道失调角度去看的时候，我们会更为关注自闭症孩子的胃肠道问题，将这些问题与自闭症儿童的异常行为，睡眠障碍，语言表达问题等联系在一起。干预的时候也是从修复肠道，调理肠道菌群来入手。

那 NuCalm 对自闭症儿童来说是否有效呢？如果有效，机理是什么？ NuCalm 与其他方法相比又有哪些优势？

首先根据 NuCalm 的作用机理和自闭症儿童普遍存在的神经系统发育障碍问题，以及到目前为止累积的实际干预个案的反馈，NuCalm 对自闭症儿童是有明确的帮助的。具体到改善的症状，改善的速度和好转的程度则因人而异。

（二）机理

先看一下自闭症儿童常见的一些表现：肌肉紧绷、僵硬、手脚冰凉、无来由地冒冷汗、睡觉磨牙、睡眠障碍、消化不良、便秘、胃酸分泌不足、厌食、皮肤病、暴饮暴食、肠燥症、腹泻、过敏、流感、注意力缺失、多动等症状。大部分自闭症儿童都具有以上 3 项以上的症状，可多数人不知道的是这些症状都是自主神经系统失调相关的症状。

另外，研究发现自闭症儿童多个脑区存在 GABA 水平偏低的情况。有一部分在口服补充 GABA 后会出现情绪行为的改善，例如焦虑和紧张缓解。但是口服补充剂往往吸收效率比较低，更不用说还存在通过血脑屏障的问题。

NuCalm 三合一系统中的生物能量贴片带有 GABA 的频率，对于 GABA 不足相关的问题，NuCalm 贴片可以更快速更直接的起作用。

而 NuCalm 神经声学软件通过双耳节拍诱导大脑进入 Theta 疗愈状态，不仅可以快速地修复自闭症儿童之前已经有的脑部创伤，而且还可以重置多个系统，让身体和大脑开始疗愈。

NuCalm 三合一系统是到目前为止在恢复自主神经系统平衡方面最有效的非药物干预方法。因此理论上，NuCalm 就应该能够改善上述症状。

（三）与其他方法的比较

1. 特殊食疗

食疗对于自闭症儿童的帮助是有目共睹的。例如，SCD 饮食在快速降低肠道坏细菌（如梭状芽孢杆菌和念珠菌），恢复肠道菌群平衡，修复肠道方面效果明确。但是 SCD 饮食与传统饮食习惯差异较大，在执行时不论是从认知曾名，还是从实际执行方面都有比较大的困难。因此虽然很多家长相信 SCD 饮食能帮助到她的孩子，但真正正确执行的却很少。

2. 膳食补充剂

有医生和营养师会建议利用膳食补充剂帮助孩子调节肠道(如便秘、腹泻)、促进消化(大便中有没有消化完全的食物)、提升能量等。但是自闭症儿童之所以出现严重的多系统的发育障碍问题，那缺乏的营养素就不是一种，而且他们中多数有各种肠道问题，口服营养素的吸收自然就成了一个问题。另外膳食补充剂是补充，不能一直吃下去。如果不改变饮食，即使是很有经验的医生，往往能提供的帮助也有限。

3.Tomatis®（托玛提斯）

托马提斯听力训练是由托马提斯医生所发明，至今已有五十五年的历史。此项技术的目的是改善自闭症孩子的听力问题。举例如下：

（1）过度敏感的孩子（会用手捂住耳朵）：接受训练一个月后，基本都会明显改善，不会再过度惧怕某些特定的声音。

（2）对声音没有反应的孩子（您叫他他不理睬；与他讲话，他的眼睛无法和您对视）：接受训练后，有四分之三的孩子有明显的进步。

（3）过度兴奋和爱动的孩子：接受训练后，有一半以上能够较安静，注意力集中的时间也较为持久。

（4）语言表达能力差的孩子（只能重复几个字）：接受训练后，有一半能开始表达自己的想法，并且他说的话和做的动作能符合情况。

通过以上介绍，相信大家会知道托马提斯的应用面其实比较窄。多数自闭症儿童能获得的益处是有限的。

4.NuCalm 三合一系统

与食疗相比，NuCalm 使用简单方便，无须改变自闭症儿童的习惯（自闭症儿童往往有刻板行为，比普通儿童更难改变习惯）。

与膳食补充剂相比，无须经过消化吸收，因此使用面更广。

与托马提斯相比，NuCalm 作为更为直接，影响的脑区和作用范围更宽泛。

更为重要的是：NuCalm 不仅可以快速有效地改善自闭症儿童的情绪、行为、睡眠等问题，而且可以促进大脑发育与功能优化，提高自闭症儿童的语言表达、计算等能力，激发潜能。

还有一个非常特殊的地方。NuCalm 非常适合以家庭为单位进行健康管理。父母与孩子一起使用，不仅可以为孩子提供一个更为理想的家庭康复环境（尤其是之前如果是负面影响的话），帮助父母情绪变得平稳，更为积极乐观，给孩子更多的正面反馈。而且很多父母在长期照顾孩子的过程中自己的身心也已经疲惫不堪了。NuCalm 如此简单方便，可以随时随地使用，给自己充一下电，让自己的身体能够有喘息和恢复的机会。因此与其他方法相比，NuCalm 在自闭症儿童的康复中是个非常值得尝试的方法。

NuCalm 使用过程中的注意事项

●小龄段的自闭症儿童初期比较不太配合戴耳机、眼罩，一定不要勉强孩子。可以采用只使用生物能量贴片的方式来帮助孩子改善睡眠和情绪。然后外放音乐，让孩子逐步接受。

●按照要求使用 NuCalm 三合一系统的孩子，大部分在使用一次后就有明显效果。常见的改变有: ①血液循环畅通了（测量方法，用手去感知孩子的末梢神经是否变温暖了）；②情绪变得更平稳了；③自我刺激减少；④肠道更加稳定；⑤夜尿情况好转；⑥睡眠质量提高；⑦情感依赖增加了。

●有的孩子在听到某些声音时会感到害怕。这可能与孩子之前的某些经历有关。遇到这种情况，可以先暂停使用三合一，只使用贴片。或者与孩子沟通，看孩子是否能表述清楚他为什么害怕，进行相应的疏导与安慰。如果孩子说不清楚，可以外放音乐给孩子听，慢慢适应后再全套使用。

●有些入睡困难的孩子开始使用 50 分钟深度修复时，改善明显。但用了一段时间后，晚上会出现早醒，这时候可以将 50 分钟改为 20 分钟，或者隔天使用即可。

NuCalm

第五章

优化大脑

NuCalm

压力管理系统

第五章
优化大脑

NuCalm 不仅是慢病管理的有效工具，是精神心理问题的必要手段外， NuCalm 在提升竞技比赛成绩，提高个人运动能力、增强幸福感、保持巅峰状态方面都有非常出色的表现。创造力，以及作为日常压力管理工具，帮助我们维持身心健康，保持活力。

一、职业球队

自主神经系统平衡对职业运动员来说比对非运动员来说更为重要。因为运动员需要更有弹性的自主神经系统。也就是说可以更快速更有效的在交感 / 副交感之间转换（比赛或者训练时保持交感优势，比赛结束后快速进入副交感优势）。

NuCalm 在专业运动队的应用要从美国芝加哥黑鹰队的经历开始说起。芝加哥黑鹰队是一支著名的冰上曲棍球队，曾分别于 1933 年、1937 年、1960 年、2010 年获得过斯坦利杯冠军。2012 年 7 月，黑鹰队开始使用 NuCalm，结果 2012—

2013 年赛季，黑鹰队获得了 2013 年斯坦利杯冠军，之后在 2015 年又再次获得冠军。黑鹰队的教练和球员都认为是 NuCalm 功不可没。也因为黑鹰队的成绩和经验分享，现在 NFL，NHL，MLB，NBA，英超，意甲等 49 个专业运动队都在使用 NuCalm。

总部位于芝加哥的综合性运动营养机构 Sport Fuel Inc. 为多个专业运动队提供服务。其创始人兼首席执行官朱莉·伯恩斯（Julie Burns）说："NuCalm 已经被证明是一个非常可靠的工具，它可以帮助调节皮质醇水平和炎症反应。NuCalm 能帮助运动员快速进入健康的恢复模式，加速疗愈。当运动员处于平衡的神经系统状态时，他们本能地做出反应，而不是冲动地做出反应，因此可以发挥出最高水平。我个人和我们的运动员客户都相信 NuCalm，他们非常喜欢而且在长期使用 NuCalm。"

牛津大学研究员托马斯博士认为：在体育运动和身体性能的表现中，重要的不是肌肉的力量，而是在需要时所能产生的爆发力，以及肌肉的放松和恢复速度。NuCalm 是一个神奇且非常先进的工具，它可以快速放松整个身体的肌肉。

NuCalm 在需要保持专注力和最佳身体表现的专业运动员中越来越受欢迎。这些世界级运动员使用 NuCalm 是因为它能够改善肌肉恢复的速度并提高睡眠质量，显著提高他们管理压力的能力。

机理

NuCalm 已经证实在以下 4 个方面表现出色。

（1）促进运动后恢复：加速血液流动，增加红细胞携氧能力，加速身体疗愈；快速有效地减少乳酸产生，从而减轻训练后的肌肉酸痛以及不适；NuCalm 使身体进入副交感优势（修复模式）状态，而整个身体的肌肉得到深度的放松。

（2）降低炎症，减少疼痛：炎症是运动员疼痛的一个主要原因；当身体处于交感优势时，炎症反应会被放大，导致恶性循环；NuCalm 使人体进入副交感优势，炎症水平降低，疼痛减少；修复旧伤。

（3）提高专注力，增强抗压能力：NuCalm 可增加脑血流和血氧饱和度；认知功能增强，专注力提升，更容易聚焦；消除干扰、降低压力，提高创造力。

（4）提升睡眠质量，增强肌肉记忆：肌肉紧张、疼痛等都会影响睡眠；睡得好可以加速疗愈；长期记忆在睡眠中得以巩固和形成，睡得好可以增强肌肉记忆。

（5）缓解赛前焦虑：现代运动竞赛中，运动员的赛前焦虑越来越受到关注。在激烈、势均力敌的比赛之中，选手的赛前、赛中心理状态如何对于战胜对手、发挥自己的应有水平就显得特别重要。赛前焦虑常常表现为心率加快、血压升高、呼吸加深加快、肌肉紧张、皮肤苍白、失眠、尿频、腹泻等等。初起时，心率加快可能是主要的表现。长期的紧张和焦虑将波及神经、内分泌、免疫、消化、呼吸、心血管和泌尿等多种系统，诱发偏头痛、功能性高血压、消化性溃疡和甲状腺功能亢进等心身疾病。在严重焦虑的运动员中，心律不齐，消化系统疾病，肥胖，头疼，月经不调等发生率特别高。

NuCalm 可以在短短 10 分钟内就让身体从交感优势进入

副交感优势（总功率和LF/HF比值的显著降低），LF/HF比值从2.446降至0.901。相应的心率加快，血压升高，呼吸加快，肌肉紧张等都可以得到有效改善，快速缓解赛前焦虑。

（6）比赛时保持专注却不紧张：黑鹰队的首席教练迈克加普斯基（Mike Gapski）说："我希望我的球员们在比赛中保持'专注'而不'紧张'。使用NuCalm是他们放松自己和有效处理挫折的一种方式。NuCalm能让人保持清醒的头脑，很快走出沮丧和挫折。"

二、个人竞技

对于高级别赛事来讲，运动员心理因素在比赛成绩中的影响占80%。对于个人竞技影响更大。对很多运动员来说，曾经的失败让他们自信心受挫，让他们在赛场上，在高压下，难以发挥出自己最佳水平。NuCalm不仅可以保持好的心态，确保运动员在竞技比赛时不会发挥失常，而且还能够有效改善之前创伤性经历造成的伤害，重新建立信息，突破自己，发挥出自己最佳成绩。

（一）大卫·沃尔特斯（David Walters）

大卫·沃尔特斯拥有生殖内分泌学和整骨医学两个博士学位以及MBA工商管理硕士学位，他还是健身爱好者，常规进行Crossfit（混合健身）训练，并参加混合健身竞赛。日常训练时，大卫使用Omegawave（通过测试和分析运动员的心电和脑电变化，即时反馈运动员的生理机能状况。）监测自己身体的状况，从而制订适合自己的训练计划。以下是沃尔特斯博士在使用 NuCalm 前后的变化。结果他发现自己在使用 NuCalm 之后不仅睡眠时间从 9 小时缩短到 6 小时，体能也变好了。更让他惊喜的是之前训练时肩膀受过的伤也彻底痊愈了。

使用 NuCalm 前：混合健身训练 3 ～ 4 天（每天训练一次）就需要休息一次。

使用 NuCalm 后：混合健身训练可以持续进行两个星期（每天训练两次）。

（二）莎拉·波芬格（Sarah Bofinger）

莎拉·波芬格是一名健身和游泳教练，也是 Superstar fitness 有限公司的创立人。

莎拉先天髋关节发育不全，在 2015 年尝试 NuCalm 之前已经做过 7 次髋关节手术，花了 25 万美金，但莎拉非常喜欢游泳，也很有天分。

2015 年 7 月 17 日，莎拉第一次使用 NuCalm，她感到非常放松和专注，第二天清晨状态非常好。原来在游泳比赛前她会感到非常紧张，身体也会僵硬。但 NuCalm 却让彻底放松下来，感觉不到任何紧张和焦虑。每年 7 月份的每个周末都有一场比赛，之前比赛结束后，她通常会通过冰浴来缓解游泳比赛带来的炎症和疼痛。但是使用了 3 次 NuCalm 后，她发现就不需要再洗冰浴了，恢复速度也比以前快多了。8 月份，莎拉第四次参加了女子铁人三项全能比赛，并获得了游泳项目总成绩的第二名。这也是她第一次，不需要在赛前或赛后洗冰浴。

对莎拉来说，NuCalm 除了减少疼痛外，还让她第二天感觉良好。在使用 NuCalm 仅仅两个月的时间，莎拉就发现自己不仅恢复速度惊人，而且在没有冰浴的情况下，她的疼痛大大降低，不用做那么多的针灸、按摩和脊椎按摩治疗。而且因为她之前在赛前会非常紧张，NuCalm 带来的深度放松让她的成绩也迅速提升。10 月 8 日莎拉第一次参加的全美游泳比赛前 4 小时使用 NuCalm，结果一鸣惊人， 1000 米自由泳成绩是 11 分 43 秒 52！这是她曾经拥有的最好的成绩。

三、儿童大脑优化

没有家长不望子成龙。可是该如何做却是一个问题？去上培训班，还是该让孩子自由发展？当孩子拖延、总是闹着玩游戏，做作业粗心，考试漏题的时候家长该如何做？若孩子非常努力，但成绩总不见起色时，家长又能为孩子做些什么？

随着这些问题很常见，但奇怪的是，却很少家长口里听到“大脑”这个词。难道刚才说的这些问题不是由我们的大脑控制的吗？如果要从根本上解决这些问题，不应该从大脑入手，做好大脑优化吗？

NuCalm 在美国已经有 18 年的历史，无一例副作用报道，非常安全。NuCalm 三合一系统中的神经声学软件利用双耳节拍对大脑产生直接的影响。先是进入 Alpha 波（放松，想象力和创造力提升），之后进入 Theta 波（冥想疗愈，洞察力和判断力提升）。而 NuCalm 三合一系统中的生物能量贴片则可提升 GABA 水平，有效的改善儿童常见的情绪不稳定，容易紧张焦虑，睡眠不好等问题。

因此对于处于大脑关键发育期的儿童来说，NuCalm 可以促进大脑发育、开发潜能、提升智商、管理情绪。

四、保持巅峰状态

托尼·罗宾斯是一位白手起家的亿万富翁，是当今最成功的世界级潜能开发专家。他的著作在全世界已有十数种译本，受益者不计其数。

托尼协助职业球队、企业总裁、国家元首激发潜能，渡过各种困境及低潮。他曾辅导过多位皇宣成员，被美国前总统克林顿、戴安娜王妃聘为私人顾问；也曾为众多世界名人提供咨询，包括南非前总统曼德拉、前苏联总统戈尔巴乔夫、世界网球冠军阿加西等。

托尼今年 62 岁，每天睡眠时间为 4 小时左右，每天平均工作时间为 16 ~ 18 小时。2015 年 5 月，霍洛威博士第一次向他介绍 NuCalm 时，他就成了 NuCalm 的忠实用户。2015 年 10 月，《商业内幕》（*Business Insider*）用一篇题为《托尼·罗宾斯》的文章介绍了他的情况，文章描述了托尼在只睡 4 小时，却不使用兴奋剂的情况下，如何通过 NuCalm 来保持充沛的精力和绝佳的状态。

五、幸福感

吉姆·普尔在经营 NuCalm 之前，是 Focused Evolution 公司的负责人。这是一家战略咨询公司，在并购、尽职调查以及风险投资和私募股权公司的增长战略方面拥有专业优势。在吉姆的领导下，Focused Evolution 成长为一家价值数百万美元的咨询公司，为包括医疗、生物技术、市场研究、牙科和 IT 在内的多个行业的 49 家公司的全球客户提供服务。虽然回报是巨大的，吉姆也是一个喜欢挑战的人，但是他的工作需要他经常在多个时区飞来飞去，长时间的工作、时差，以及工作压力本身让他感觉筋疲力尽，有时甚至感觉自己临近崩溃，越来越没有耐心，即使在家中休息时，也从未感到踏实。虽然吉姆试着保持健康饮食和常规锻炼，但是因为焦虑，他睡眠质量很差，需要喝很多酒来获得暂时的缓解。吉姆的情况应该是商界精英们普遍存在的—持续的焦虑、身心疲惫、情绪不稳定、判断力和记忆力等持续下降。

吉姆的转折点发生在 2009 年。霍洛威博士来到吉姆公司寻求帮助，希望吉姆能帮助他创立的公司更好地成长。霍洛威博士说："我开发了一种技术，可以在几分钟内迅速、有效、安全地放松身心，且不会产生药物的副作用。"吉姆的第一次 NuCalm 体验是非常深刻的。身体感觉非常放松，而且头脑清醒。在用了几个星期的 NuCalm 之后，吉姆的生活也发生了明显的变化，无论是在专业上还是个人生活上，过去困扰他的事情不再是问题。人际冲突变得很容易解决，睡眠大大改善，每天都充满能量。最重要的是，在家的时候，他能放下工作，专心的和妻子以及三个孩子尽情地游戏，享受欢笑，能够倾听和感受她们的心声还有爱！

我们的生活节奏很快，而且每年都在加快。我们没有办法放慢脚步，甚至没有办法承受这种快节奏的压力。NuCalm 可以让我们在不改变外界环境的情况下（不需要到深山老林里才能放松下来），真正的放松下来，获得内心的平静，提高我们的耐心、灵活性和洞察力。在短短的四周内，吉姆和他的搭档就决定关闭他们用多年时间打造的全球咨询公司，然后专注于推广 NuCalm 这个全新的技术来改变世界。

六、脑疲劳群体

（一）普遍性

脑力劳动者已经成为亚健康比例最高的人群。高强度的脑力劳动、长期的项目压力、经常加班熬夜，导致很多人出现了长期疲劳、情绪不安、胃口不好、腰酸背痛、失眠多梦、头晕乏力等问题，最可怕的是一直引以为傲的大脑不知道从何时开始越来越不好使了，记忆力下降、专注的时间越来越短、下午要喝茶或者咖啡才能撑过去、工作拖延、决策出现失误、反应越来越慢……

其实这些都是脑疲劳的典型表现。而我们常听到有人说："活得真累。"其实很多时候这种累，并非体累，而是"脑疲劳"。脑疲劳的人累的不是身体，是大脑。身体累简单休息就好了，大脑累却不能通过简单休息恢复。

脑疲劳可引发许多身心疾病，如支气管炎、哮喘、非特异性结肠炎、消化性溃疡、心脏病、失眠、性功能障碍等，严重影响身体健康。严重的脑疲劳还会使人的心理承受能力下降，无法面对生活上的种种压力，导致精神崩溃。在脑疲劳状态下，人会感到头昏脑涨、反应迟钝、注意力分散、思维活动难以正常发挥，这不但影响学习效率和工作效率，严重者还会出现失眠、焦虑、忧虑、遗忘、性功能障碍，甚至可引起精神分裂症，也有人可因脑疲劳过度而死亡。日本 1998 年就曾有 15 位市长因"脑疲劳"而死亡。从专家、学者、教授、政府官员、企业家到普通的公务员、白领员工，脑疲劳的普遍存在已不只是医学问题，属于社会医学的范畴，理应引起不仅仅是医学界的广泛关注。在日本，已经把工作过度疲劳列为职业灾害，日本官方又在近年把疲劳列为职业病的一种，而我国这方面还是空白。

WHO 的一项最新调查表明，影响人类健康的疾病只有 30% 源于细菌和病毒，其他 70% 均来源于脑。

（二）现有解决方案

主要从补充营养、有效清理、减少消耗三方面来着手。

（1）补充营养。对于高强度脑力工作者来说，因为压力大，往往会选择高热量食品或者垃圾食品。如果提供团餐的单位，可以改成脑健康食谱，直接满足营养这一条。有些希望改善更大的可以使用营养补充剂来加强效果。

●保护大脑。自由基对大脑的伤害非常大，多吃富含抗氧化物质的食物或者补充抗氧化剂来保护大脑。

●激发大脑。某些神经传导物质需要色氨酸或酪氨酸，而这些营养物质可以从巧克力、发酵食品、乳制品、蛋类、海鲜、大豆等食物中摄取。

●滋养大脑。大脑的自我修复和更新会消耗大量的 ω-3 不饱和脂肪酸。

不足：对于已经有明显脑疲劳的人来说，尤其是消化系统有问题的人，从这方面入手可能效果比较慢，或者难以改善症状（如失眠、专注力下降等）。

（2）有效清理。当营养物质被大脑吸收后，经过代谢会产生各种“垃圾”，这些垃圾如果没有被及时有效的清除，则会造成局部的伤害，甚至整个大脑的炎症反应，直接导致脑雾、认知功能下降等。改善的方法是：

●好好睡觉：人在睡着时，脑脊液在大脑里中的流动速度会加快，是脑内垃圾清理的最佳时间。

●有氧运动。增加血氧供给量，加快血液循环，促进垃圾排出。

不足：好好睡觉说起来简单，但做到真的太难。睡不着、睡不好、睡不醒已经成了很多人的现状。这也是整个恶性循环中的一环。因为睡眠不好，白天疲劳，脑子不好使，工作效率降低，结果压力增加，晚上就更不睡好了。周而复始，疲劳成了常态，身处其中的人好像根本无法走出来。谁都知道应该多做有氧运动，可事实上做到的人太少了，原因很简单，没时间、没精力。

（3）减少消耗。信息太多，节奏太快，竞争太大，想太多和情绪波动大是很多人面临的困境。《高效休息》一书提到脑疲劳最关键的原因是焦虑恐惧愤怒抑郁等各种情绪。对过去的事情心有不甘，对未来的事情充满不安，因此每日忙忙碌碌、心烦意乱、却没有结果。这样的忙乱会造成大脑每天消耗大量的能量来处理这些"无意义"的事情，自然而然就导致了脑疲劳。如何减少这种不必要的消耗，恢复大脑的正常运转。在《高效休息》一书中给出了以下7种方法。

●正念呼吸法（活在当下，不要陷于过去和将来）。

●动态冥想（提升专注力，摆脱心事重重的状态）。

●压力呼吸法（释放压力，缓解紧张感）。

●"猴子思维"消除法（排除带来疲劳感的杂念）。

● RAIN 法（冷却愤怒时的头脑）。

●温柔的慈悲心（"消灭"看不顺眼）。

●扫描全身法。

如果能够坚持做，这些方法对缓解脑疲劳是有帮助的。

不足：改变思维方式，活在当下，不被干扰是非常困难的一件事情。不是一天两天能够改变的。这七种方法学起来不困难，但是坚持做却很有挑战。因此对于多数人来说，这些方法无法真正帮助他们解决问题。

（三）换个角度理解脑疲劳

当我们长期处于工作或者紧张状态时，交感神经系统持续激活，而与之相对应的副交感神经系统（人体用来平衡交感神经系统的）被抑制，结果人体就像是一直处于战斗状态，无法及时得到休息与修复。时间一长，交感 / 副交感的平衡就被打破了，于是开始出现很多人熟悉的亚健康问题（疲乏无力、脑袋昏昏沉沉、记忆力下降、睡眠不好、情绪不稳等等）。这些问题反过来又进一步加剧了交感 / 副交感的失衡。

脑疲劳的人多数有头昏头胀头部不适等，这说明大脑供血供氧不足，因此需要恢复血管健康才能真正解决这个问题。

内分泌紊乱、消化系统、神经系统问题、甲状腺问题都会影响大脑正常行使功能。而紧张焦虑则会直接导致大脑处于混乱的状态，忙碌却没有效率，睡眠也受到极大的影响，脑疲劳成为必然的结果。

如果我们按照常规的思路对症干预（例如吃安眠药、消化酶、调节内分泌，吃优甲乐改善甲状腺功能），则可能有一定的效果，但很快进入瓶颈期，更不用说，干预方法如果比较复杂，则执行难度自然就会增加，结果是不了了之或者有限的改善。

但换个角度，如果我们能够快速恢复交感 / 副交感之间的平衡，交感 / 副交感负责的多个系统同时得到修复。供血供氧增强，大脑的营养输送与吸收效率（消化系统功能恢复）、大脑代谢产物（垃圾清理效率）提高。同时焦虑水平下降，睡眠改善，逐步建立良性循环。那脑疲劳就有可能在短时间内得到有效的改善。

交感和副交感属于自主神经系统，二者的不平衡又被称为自主神经系统失调。

（四）理想的脑疲劳解决方案

●可快速有效改善脑疲劳多种症状。

●基本无副作用。

●操作简单方便。

●科学原理清晰。

●根本上恢复自主神经系统平衡。

根据这个标准，到目前为止，符合条件的解决方案可以是：NuCalm 压力管理三合一系统。NuCalm 是基于神经科学，采用非线性震荡算法，利用双耳节拍，诱导产生脑波夹带效应，让大脑快速进入 Alpha（放松）-Theta（疗愈）状态，结合生物能量贴片，增强 GABA 能神经元功能，恢复自主神经系统平衡的一个系统。NuCalm 在 2015 年获得美国的发明专利，是第一个也是到目前为止唯一一个《用非药物方法保持自主神经系统健康》的专利。NuCalm 临床应用已经十八年，安全性高，而且操作非常简单，对脑疲劳相关症状的改善效果也非常显著。

脑疲劳在精英群体中非常普遍，不仅影响到工作效率、情绪和生活品质，而且会导致猝死、过劳死以及各种慢性疾病高发。

第六章

NuCalm 赋能大健康产业

NuCalm

NuCalm

压力管理系统

第六章
NuCalm 赋能大健康产业

大健康产业是具有巨大市场潜力的新兴产业，美国著名经济学家保罗·皮尔泽曾将其称为继 IT 产业之后的全球“财富第五波”。

2016 年 10 月，中共中央、国务院印发《“健康中国 2030”规划纲要》，文件明确提出，将健康放在优先发展地位，把健康融入所有政策。2017 年 10 月，十九大做出“实施健康中国战略”的重大决策部署，将人民健康建设提升到国家战略的高度上来。国务院印发的《中国防治慢性病中长期规划（2017—2025 年）》则指出：到 2025 年，慢性病危险因素得到有效控制，实现全人群全生命周期健康管理。在中国银保监会修订的“健康保险管理办法”中，健康管理被频频提及，提出“健康保险的费用，最高 20% 可用于健康管理”。

庞大的人口基数、老龄化趋势、人们健康意识的觉醒都将推动中国的大健康产业飞速发展。经过此次疫情，大健康产业将会进入“全民需求时代”，迎来新一轮大发展。2020 年，大健康产业市场规模预计会达到 10 万亿元。

一、健康管理产业

健康管理产业属于大健康产业的四大基本产业群体之一，由健康检测与监测、健康评估与指导、健康干预与维护 3 个模块组成。

（一）美国健康管理起源与发展

1929 年，由于健康管理能有效降低医疗赔付费用，美国蓝十字和蓝盾保险公司在对教师和工人提供基本的医疗诊费的同时，也提供进行健康管理的费用，由此产生了健康管理的商业行为。

1969 年，美国联邦政府出台了将健康管理纳入国家医疗保健计划的政策。尼克松政府更是将健康管理服务推向市场，从而迫使全美保险公司由原来单一的健康保险赔付担保，向较全面的健康保障体系转变。

1973 年，美国政府正式通过了《健康维护法案》，特许健康管理组织设立关卡，限制医疗服务，以控制不断上升的医疗支出。如今，健康管理组织也统称为“管理医疗模式(managed care) 保险制度”，终于取代了美国部分的医疗保险。

美国健康管理经过几十年的蓬勃发展，已成为美国医疗服务体系中重要的组成部分，且实践证明健康管理能够有效地改善人们的健康状况并明显降低医疗保险的开支。每 10 个美国人就有 7 个享有健康管理服务。

（二）中国健康管理产业现状

中国健康管理服务行业市场规模由 2014 年的 1054 亿元上升至 2018 年的 2481 亿元，年复合增长率为 23.9%。2020 年 9 月 9 日，中国银保监会办公厅发布《关于规范保险公司健康管理服务的通知》（以下简称《通知》），新规明确了健康管理的概念（指对客户健康进行监测、分析和评估，对健康危险因素进行干预，控制疾病发生、发展，保持健康状态的行为）。《通知》指出健康管理服务在保险产品中的成本占比最高可达 20%，包含健康体检、健康咨询、健康促进、疾病预防、慢病管理、就医服务、康复护理等七大类。从 2015—2019 年保费收入（从 2410 亿元增至 7066 亿元）和赔付支出（从 763 亿元增至 3551 亿元）的变化来看，尽管健康险收入保持着高速增长，但赔付支出也呈现出极其接近的增长幅度。健康险的价值应该体现在有效性上，应该通过医疗服务和健康管理转移支付，让用户降低生病的风险。健康管理服务的终极目的是提升健康水平、降低医疗费用。是否能达到此目的，关键在于健康管理服务的专业水平。目前国内相关服务主要由三类机构提供。一是公立医院开办的健康体检机构，约占整个健康体检市场的 90%；二是民营的专业连锁体检机构，如慈铭体检、爱康国宾等，此类机构建有独立的健康体检中心，并且有专业的体检人员；三是众多的健康服务机构，此类机构往往没有独立的体检中心实体，通过与全国的三级医院建立紧密的联系，为体检者提供从体检到诊疗、康复、家庭医生等一系列服务，如国康网。

如果能提升第一类（公立医院开办的健康体检机构）的

专业服务水平，则可在很大程度上推动健康管理行业的发展，让健康险良性发展。

二、NuCalm 赋能公立医院健康体检机构

2020 年，中国体检行业市场规模约为 2000 亿元，每年达到 5 亿人次的规模。其中公立医院健康体检中心或者健康管理中心提供了大约 75% 的服务。

体检流程与项目已经比较稳定，但是检后的服务却迟迟没有跟上。

体检结果统计数据显示，其中 76% 的人属于亚健康。也就是说，这个群体体检指标正常，但是却有各种各样的亚健康表现，例如疲劳乏力，浑身酸痛，头昏脑涨，心悸心慌，腹胀便秘等。虽然没有到疾病的诊断标准，但是亚健康却给人们的工作生活带来了很大的负面影响，同时也为疾病的发生埋下了种子。

但从另一个方面看，如果我们能在亚健康这个阶段进行有效的干预，则真的能够做到疾病的有效预防，实现治未病的目标。

可是对于多数体检医生或者临床医生来说，亚健康是个最让人头疼的问题。因为症状往往很多样，涉及多个系统（如神经系统、免疫系统和消化系统等），根本不知道该从何入手，而且因为没有明确的临床诊断，多数医生也不愿因或者不能通过药物进行干预。

但事实上，近些年研究发现，所谓的“亚健康”其实根源在于自主神经系统失调。因为自主神经系统调控着人体的多个器官和系统，因此当自主神经系统失调时，就会出现多种症状。如果能恢复自主神经系统的平衡，可想而知，这些症状也将得到缓解，甚至会消失。

NuCalm 获得了用非药物方法平衡自主神经系统的专利的技术，对于亚健康的管理可以说是较为理想的。安全、快速、有效是 NuCalm 的特色。因此，NuCalm 赋能公立医院健康管理中心时的首要目标群体就是体检后亚健康的群体。过去，健康管理专业人员对于这个群体是无计可施的，这个群体的需求没有得到满足，客户流失严重，而现在，NuCalm 不仅将为这些被亚健康困扰的群体提供科学有效的服务，帮助他们解决实际的问题，而且还将为健康管理中心带来不错的收益。

另外，体检后大量的慢病人群的管理急需提升。目前存在的问题是慢病管理的非药物干预方式的有效性非常不理想，而且要求客户改变生活方式是非常困难的。NuCalm 在慢病管理方面可以做到 3 点：①可以快速改善慢病患者的症状（如睡眠障碍、情绪问题、头昏脑涨、疼痛等问题），建议客户与健康管理师之间的信任；②可以有效降低压力，减少焦虑，促进身体疗愈，从而提升慢病管理的效率；③改善认知和习惯，让客户的依从性提升，从而逐步改变饮食和生活方式。而 NuCalm 的快速有效方便不仅为亚健康人群提供了之前没有的解决方案，而且对目前多数健康管理中心在做的慢病管理也增添了有力的工具。

三、NuCalm 赋能精神心理行业

根据世界卫生组织的报告，目前，神经精神障碍占到所有疾病负担的10%。其中，精神障碍占到所有疾病负担的7.4%。另外，根据世界卫生组织的预计，到2030年，抑郁障碍的疾病负担将超过缺血性心肌病，成为全世界疾病负担排名第一的疾病。

截至2017年底，全国13.9008亿人口中精神障碍患者达2.4336亿人，总患病率高达17.5%；严重精神障碍患者超1600万人，发病率超过1%，这一数字还在逐年增长。另外，精神心理障碍也给我国带来了巨大的经济负担。有研究预测，从2012年到2030年期间，精神心理障碍导致的中国经济增长缩水超过9万亿美元。其中精神心理障碍患者的误工、交通、照料等间接治疗费用占到了患者的主要支出。如果减少精神障碍患者的间接治疗支出，可以大大降低精神障碍患者的经济负担。

越来越多的人已经意识到精神疾病的存在及严重性，而从国家层面讲，近十年来，国民心理健康和精神卫生健康已经上升到国家层面。除了国家多个部门的针对精神卫生和心理健康政策发布之外，习近平总书记在2016年全国卫生与健康大会上提出，要加大心理健康问题基础性研究，做好心理健

康知识和心理疾病科普工作，规范发展心理治疗、心理咨询等心理健康服务。经济水平的提升和城镇化、家庭结构变化及灾害频繁发生等社会发展的规律进一步推动了患病率的上升。但是在患病率大幅度上升的情况下，目前，我国精神心理障碍的就诊率和患者认知远低于发达国家，大约有 92% 的精神心理障碍患者从未接受过治疗。即使像精神分裂症这样的重性精神障碍，目前也仅有一半的患者获得了专科的治疗。精神心理障碍的复发问题是疾病治疗的一大困境。精神心理障碍的平均复发时长为 6 个月。目前中国精神心理障碍的治疗存在“重治疗，轻康复”的现象，因此导致很多精神障碍患者出院后常常由于存留症状，药物不良反应等原因，导致患者出院后不能回归病前的生活。

目前，全国约有 3.8 万名左右的精神心理科医生，但是面对如此多的精神心理障碍患者仍然非常紧缺。目前我国 10 万人中仅有 1.7 万名专科精神心理医生，而美国为 7.79 万名。另外，我国大部分县医院并没有精神心理专科，2/3 的农村地区没有精神疾病的相关床位。

2019 年 7 月，国务院印发《关于实施健康中国行动的意见》，其中对精神卫生建设提出四大指导建议。并且提出到 2022 年和 2030 年，居民心理健康素养水平提升 20% 和 30%，心理相关疾病发生的上升趋势减缓。并给出包括健全社会心理服务网络，加强心理健康人才培养，建设精神卫生综合管理机制、完善精神障碍社区康复的四大指导建议。

精神心理障碍患者服药依从性不佳给治疗带来很大困难，以抑郁症为例，4 个月后可以坚持服药的抑郁症患者仅为 50%

左右，有接近三分之一的患者在服药一个月后就会选择停药。用药不良反应（如体重增加、月经不调）是精神障碍服药依从性差的主要原因之一。另外，头痛头晕、嗜睡、失眠等不良反应也发生率较高，抗精神病药物的不良反应，严重影响患者的生活质量，是亟须解决的问题。

更重要的是，药物治疗并非精神心理障碍问题的真正解决方案。因此，精神病科医生们开始寻求更有效的解决方案，这也是功能精神病学形成的原因，开始从遗传学、营养医学、环境医学、心身医学等多个角度，采用多种方法进行综合干预，从根本上解决精神心理问题，也为预防复发奠定了很好的基础。

NIAS 在 2016 年 10 月成立之初就确定了以心智疾病作为自己的专注领域。从 2017 年首届国际论坛的自闭症、2018 年的老年痴呆、2019 年的 ADHD（注意力缺失多动障碍）到 2020 年的抑郁症，NIAS 将营养医学、环境医学、心身医学、功能精神病学的专家邀请到中国，并且将科学原理清晰、临床验证有效的方法直接引入，建立防控系统，并把系统中的各个环节逐步落地，完成本土化和标准化过程。

四、NuCalm 赋能心理亚健康

2018 年《中国城镇居民心理健康白皮书》调查结果显示，我国 73.6% 的人处于心理亚健康状态，存在不同程度心理问题的人有 16.1%，而心理健康的人仅占 10.3%。该白皮书项目由中华医学会健康管理学分会牵头，联合国家卫健委科学技术研究所、中国医师协会整合医学分会、北京健康管理协会，以及国内30余位专家和学者共同完成，对历时五年全国约112万城镇人口的心理健康大数据进行了分析，研究采集的有效数据超过100万。

（一）心理亚健康的主要表现

世界卫生组织提出了四位一体的健康新观念，即全面健康包括躯体健康、心理健康、社会适应良好、道德健康四方面。而心理亚健康则是指一种介于心理健康和心理疾病之间的中间状态，主要表现为以下9个方面：

●记忆力下降，注意力不集中。与他人交流时，前一秒还记得自己要说的话，后一秒就可能忘了；非常熟悉的朋友，一天见两三次面，但是会突然之间忘了对方的名字，对周围世界产生陌生感、似曾相识感。

●做事效率低下。不能按时完成工作，约会经常迟到，做一件事总要磨磨蹭蹭，一拖再拖。

●人际交往频率减低，喜欢独处，回避现实。与朋友交往减少，性格越来越孤僻；虽外面世界很精彩，但感到自己很无奈、已经落伍，回避社会和社交场所。

●情绪不稳定，烦躁不安。总是忧心忡忡，怕自己或家人出事；情绪幼稚化，遇事一触即发，不冷静，易生气动怒；曲解他人好意，听不进别人意见，不管做什么事情，都想以自己为中心，按自己的意愿行事，不顾及他人感受。

●郁闷不开心。由于长时间高强度的学习与工作，内心压力无法释放，整日闷闷不乐，郁郁寡欢，对事物兴趣下降，惰性增加，烟酒量增加。

●疑心重，人际敏感。常常疑虑重重，固执己见，感情用事，一意孤行。一方面，敏感多疑，对于一些看不惯的行为以及事物通常会抱有敌意，且对于别人的行为经常会自行的解读为“居心叵测、不怀好意”，总觉得家人及周围人与自己过不去，不相信别人；另一方面，有时对发生在自己身边的事情视而不见，置身事外，反应冷漠，不关心他人。

●空虚无聊感。生活空虚乏味，漫无目标，沉溺于手机游戏，得过且过，对自己人生的价值产生怀疑，无上进心，常常会长嘘短叹，混日子，缺少生气。

●思维迟钝，反应迟缓。脑子出现“短路”，大脑反应变慢，与人交谈时，总会慢半拍，面临突发事件时，长束手无策；思维不清晰，唠叨，说重复话；精神不振，脑力疲劳、懒于运动：常感到精力不支，力不从心。

●睡眠问题。出现睡眠差，入睡困难，早醒，或睡不安，睡不深，或梦多，做噩梦。

（二）如何解决

如果发现自己处于心理亚健康状态时，可以做些什么呢？

如果上网搜索，常见的建议无非就是：要积极乐观，正能量；善待自己，享受工作与生活；加强运动，改善代谢；多听音乐，放松心身；维持良好的睡眠，减轻心身疲劳。

可是这些建议基本属于无效建议，原因很简单：①做不到；②不想做。例如，睡眠问题是常见的心理亚健康表现。她不是不知道良好的睡眠对她有多重要，但是她就是睡不着，睡不好或者睡不醒。因此要解决她的问题，不是告诉她要睡好，而是帮助她睡好。

积极乐观善待自己与一个人的认知有关。而改变认知是非常困难的。例如心理干预中常用到的认知行为疗法不仅需要专业的治疗师的辅导，而且需要一定的治疗频率，足够多的治疗次数，才能达到比较理想的效果。目前国内认知行为治疗师的数量非常少，而心理亚健康的人数如此多，达到治疗频率和次数要求所需要的费用高昂，这些都限制了认知行为疗法的发展。

（三）NuCalm 的优势

NuCalm 可以快速改善多种睡眠问题如入睡困难、早醒、眠浅多梦。还可以快速改善食欲。睡得好了，吃东西香了，情绪自然就慢慢变好了。而认知功能的改善（如记忆力、专注力等）也是 NuCalm 的长项。很多人的心理亚健康与自己无力完成学习和工作有密切关联。NuCalm 可以在短短两周时间内显著增强记忆力和专注力，提高学习和工作效率。

NuCalm
压力管理系统